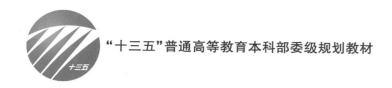

"十三五"普通高等教育本科部委级规划教材

互联网针织 CAD 原理与应用

蒋高明　主编

U0216864

中国纺织出版社

内 容 提 要

本书详细介绍了采用 B/S（浏览器/服务器）结构的互联网针织 CAD 原理，重点讲解了基于互联网针织 CAD 系统的界面交互、云计算、虚拟展示和人工智能等关键技术。尤其对针织物花型设计、工艺设计、织物仿真、虚拟展示、数据输出和产品检索六大功能模块作了详细介绍。最后对各类纬编、横编和经编产品进行了设计示例。

本书概念清晰，突出技术性和实用性，使读者对互联网针织 CAD 的基本原理、技术及应用有一个全面的了解，将针织物设计与生产技术较为完整地与信息技术交叉融合，对针织产品设计及新产品开发有较好的指导作用。本书可供高等院校纺织工程专业的本科生、研究生使用，亦可供针织行业的广大科技人员、企业管理干部和技术工人参考。

图书在版编目（CIP）数据

互联网针织 CAD 原理与应用/蒋高明主编.--北京：中国纺织出版社,2019.4

"十三五"普通高等教育本科部委级规划教材

ISBN 978-7-5180-6071-9

Ⅰ.①互… Ⅱ.①蒋… Ⅲ.①针织工艺—AutoCAD 软件—高等学校—教材 Ⅳ.①TS184.9

中国版本图书馆 CIP 数据核字（2019）第 055568 号

策划编辑：孔会云 责任编辑：沈 靖 责任校对：江思飞
责任印制：何 建

中国纺织出版社出版发行

地址：北京市朝阳区百子湾东里 A407 号楼 邮政编码：100124

销售电话：010-67004422 传真：010-87155801

http://www.c-textilep.com

E-mail:faxing@ c-textilep.com

中国纺织出版社天猫旗舰店

官方微博 http://weibo.com/2119887771

北京玺诚印务有限公司印刷 各地新华书店经销

2019 年 4 月第 1 版第 1 次印刷

开本：787×1092 1/16 印张：12

字数：184 千字 定价：56.00 元

互联网时代的兴起,促进了计算机技术与网络技术的发展,同时也为 CAD 技术带来了新的发展模式和理念。随着电脑针织技术的发展,针织 CAD 系统成为针织物设计的重要工具。在互联网时代,为了克服传统针织 CAD 系统只能单机运行的局限性,应用互联网技术开发了具有交互设计、数据导出、网络数据库等多种功能的互联网针织物设计系统。该系统可以实现针织物的在线设计,有利于缩短产品的开发周期,降低生产成本,提高企业的信息化程度。同时也为将来实现针织物网络化的个性定制服务提供支持。为了适应互联网针织技术快速发展的需要,及时系统地介绍互联网针织新技术,同时为了培养更多的针织专业人才,更好地指导针织企业进行针织新产品设计与开发,编写了《互联网针织 CAD 原理与应用》一书。

《互联网针织 CAD 原理与应用》以针织物的编织方法和产品设计方法为切入点展开研究,通过分析针织物编织信息的构成,建立了以工艺点为单位的工艺信息模型和以工艺行为单位的参数信息模型,并以模型为依据定义了数据结构;通过分析针织物图案提花的原理,研究了提花反面的分解方法;通过研究针织物的成形原理,将毛衫款式参数化并进行工艺计算得到衣片成形数据,并将成形数据定义为层级式的数据结构;其次,对互联网 CAD 系统的架构、功能和界面进行设计。应用 HTML5、JavaScript 等客户端技术实现数据显示与设计交互,应用 ASP.NET、C#、SQL Server、IIS 等服务器端技术实现数据处理与数据转化;在 B/S 架构的基础上设计了包括设计层、处理层和数据层的系统架构,实现了数据处理与显示的分离;通过分析针织物设计流程,设计了包括织物设计模块、工艺设计模块、数据输出模块和数据库模块在内的系统功能模块。同时,设计了区域分明、功能清晰的系统界面。最后,以互联网针织 CAD 系统的功能实现作为重点,使用创建图元贴图的方法实现了花型意匠图、编织工艺图、线圈结构图三种视图的显示,其中线圈结构图采用分区分层透明贴图的方法实现了线圈间的串套效果。通过实现浏览器右键菜单功能,提高了本系统的交互性,满足了组织填充和提花编辑快速设计的需求。设计了款式编辑的流程,可将成形工艺快速转化为衣片模型,通过与底组织工艺的结合生成衣片编织工艺。通过分析花型编译的作用,设计了花型编译的实现流程。结合针织物的数据特点,设计了数据库结构,保证了数据库中产品数据的完整性与准确性,应用 AJAX 技术实现了客户端与数据库的连接,实现了款式与组织的自定义。最后介绍了运用互联网针织 CAD 系统设计各类针织产品的方法。

本书由江南大学蒋高明教授主编。江南大学卢致文、沙莎、李欣欣、路丽莎博士和高梓越、汤梦婷、王薇、冀鹤、郑培晓、刘海桑硕士在资料的收集、翻译和整理,插图的描绘,文稿的校对等方面做了大量工作,在此表示衷心的感谢。

由于作者水平有限,编写时间仓促,书中难免存在疏漏,热忱希望读者批评指正。

蒋高明

2019 年 1 月 24 日

| 目 录 |

1

第一章 互联网针织 CAD 系统概述

互联网时代的兴起,促进了计算机技术与网络技术的发展,同时也为 CAD 技术带来了新的发展模式和理念。在建筑、公路、机械制造等领域,互联网 CAD 已经得到快速发展,具有一定的动态建模以及交流、协作与共享的功能。但针织 CAD 的互联网化却迟迟没有发展。现有的针织 CAD 软件大都为单机或局域网的 C/S 模式,虽然具有很强的交互性与安全性,但因其网络兼容性差,既不能满足目前设计者随时随地进行设计的需求,也不能满足未来针织行业"快时尚"的发展趋势。针织物的计算机辅助设计是产品开发中的重要环节,如何利用互联网技术与计算机技术辅助针织花型的设计和生产,实现快速设计,缩短生产周期已成为针织技术领域的研究热点。

第一节 互联网针织 CAD 系统开发背景

一、互联网针织技术发展

随着互联网的普及和发展,各行业正面临产业链和商业模式的调整,行业内企业的转型升级也将成为发展的必然趋势。纺织服装业作为在电子商务等领域最早"触网"的传统民生产业之一,也正于"工业互联网"浪潮中发生深刻的产业变革。随着移动互联网技术的快速突破,针织行业正在打造"工业互联网"时代的全产业链新优势,从单纯的销售转向设计、生产、管理、渠道、销售、服务等,实现消费者、生产商、渠道商、服务提供商的无缝高效对接。加快移动互联网、云计算、大数据和物联网技术在针织企业的推广应用,促进针织生产管理模式的变革,是针织行业提高国际竞争力,加快转型升级的重要途径。同时,移动互联网、PC、移动智能终端的快速普及均为互联网针织技术的诞生和发展奠定了良好的基础。

互联网针织技术为近几年刚兴起的基于互联网的针织信息技术(IT)全面解决方案,指以固网或移动互联网为信息传递媒介,通过 Web 应用终端发送请求,对针织设计、生产管理、集成控制系统完成指定操作。如图 1-1-1 所示,互联网针织技术主要由互联网针织 CAD 系统、互联网针织 CAM 系统和互联网针织 MES 系统三部分组成,该技术实现了系统与移动终端或固网终端间的实时交互。江南大学教育部针织技术工程研究中心率先自主开发互联网针织 CAD 系统、互联网针织 CAM 系统和互联网针织 MES 系统,已使互联网针织技术在企业中得到良好的推广应用。

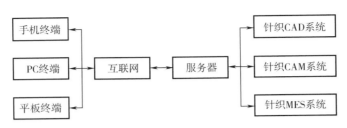

图 1-1-1　互联网针织技术结构框架图

二、互联网针织 CAD 系统结构

B/S 模式是在互联网兴起后的一种软件网络结构模式。客户端只有一个浏览器,而软件的系统功能全部放在服务器上,这样既降低了用户在软件和硬件上的投入,又简化了软件的开发与维护,也节约了开发成本。因此互联网针织 CAD 采用 B/S 模式进行开发。在该模式下,软件安装在 Web 服务器端,用户通过浏览器访问网站即可使用软件,Web 服务器又与数据库服务器相连,Web 服务器接收用户的指令后完成对数据库服务器的操作,再将结果返回给用户。

如图 1-1-2 所示,互联网针织 CAD 系统在结构上分为表示层、应用层和数据层。用户可直接通过电脑或移动智能终端随时随地通过 Web 浏览器进行针织物的设计。终端 Web 浏览器完成设计者操作内容的发送;服务器 Web 浏览器接收到命令请求后,从数据库服务器中调用所需的数据完成设计操作,并将设计结果反馈至表示层终端。该系统建有针织产品数据库,应用大数据技术对存储信息进行科学分析,实现对针织产品的智能设计。系统免安装、终端硬件要求低、免维护,使用成本低,且方便快捷,符合当前针织产品设计、生产和营销"快时尚"的理念。

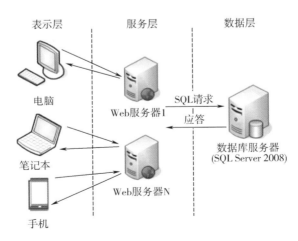

图 1-1-2　互联网针织 CAD 系统结构

三、互联网针织 CAD 系统的特点

基于云计算的互联网针织 CAD 系统的开发充分利用了云计算技术的强大优势,扩展系统使用范围,为 CAD 系统的研发提供了新的思路和平台。互联网针织 CAD 系统具有如下特点。

1. 生产设计快捷

采用 B/S 结构,统一了客户端,简化了设计系统的开发、维护和使用,方便快捷。B/S 结构最大的优点是可以在任何地方进行操作而不用安装任何专门软件,系统免硬件、免维护,降低了使用成本。

2. 织物仿真逼真

通过提供针织物三维仿真服务,用户可以提前预览产品的生产效果图,从而减少产品试样次数,缩短产品开发周期。

3. 面料虚拟展示

通过提供产品三维虚拟展示服务向用户提供产品的三维模型,用户可以全方位感知产品;通过提供场景模拟服务,用户可以将产品布置到实际的使用场景中,从而获取真实的产品使用效果。

4. 产品快速检索

通过智能手机拍摄织物并上传到云端,系统提供织物分析服务,得到织物基本参数。利用图像处理技术,在云端产品数据库中检索出类似的产品,为用户提供相应的产品数据。

四、互联网针织 CAD 系统开发意义

基于互联网的应用程序是软件开发的发展趋势。它不仅具有单机软件的优良性能,还具有易部署、易维护的特点。网页的开发经过了从 Flash 到 HTML5 的发展,互联网应用程序在交互能力、内容量方面展现出巨大的潜力,因此吸引了越来越多的软件开发者,从最初的谷歌地图到如今的 WebQQ、WebPS 等,很多单机程序都被移植到互联网上。这些互联网应用程序不仅改变了人们对网页程序功能弱的看法,也方便了人们的日常工作和生活。用户在使用互联网应用程序时,不必安装任何文件,通过浏览器访问站点就可以使用单机软件的大部分功能,加上互联网应用程序良好的跨平台性,用户可以通过任何终端来访问程序,甚至可以通过手机来体验各种功能,不必受设备硬件等条件的限制。综上所述,互联网应用程序具有三方面优势:瘦客户端,客户端只有一个浏览器,无须安装任何程序;兼容性好,应用程序部署在服务器上,可跨平台、跨设备访问,对设备硬件要求不高;响应快速,程序功能升级、维护方便。

因此将针织 CAD 作为互联网应用程序开发是发展的必然趋势,也是下一代智能制造发展的要求。这种基于互联网技术的针织 CAD 系统更加开放、操作更加便捷,对企业从产品开发的角度来提高生产效率具有重要意义。主要体现在以下三方面。

1. 缩短产品开发周期

基于浏览器的多视图显示模式与简单化的操作步骤可极为方便地完成针织物的花型设计,工艺自动处理与计算,有效加快设计效率,缩短产品开发周期。

2. 降低生产成本

开发互联网应用程序，无须安装、功能升级、维护部署容易，对硬件设备要求低，用户只要通过浏览器，即可使用相关功能。

3. 提高企业信息化程度

设计结果以计算机数据保存在云端服务器，随时取用，无处不在，用户可通过个人电脑或移动设备查看设计信息，检索和修改都比较容易，对于加快企业内部信息化建设起到重要作用。同时，产品数据库也可为定制化服务提供技术支持。

第二节　互联网针织 CAD 系统发展现状

针织 CAD 的研究起源于 20 世纪 60 年代，由美国 IBM 公司研制。20 世纪 70 年代 CAD 软件初步成形，20 世纪 80 年代 CAD 软件开始真正运用于各个企业。经过 50 多年的发展，针织 CAD 技术已逐步成熟，成为辅助针织物设计和生产必不可少的工具。目前，国内外推出的针织 CAD 系统都是将经编纬编分开的，经编 CAD 系统主要包括织物设计及仿真模拟两大模块。在织物设计方面，国内外开发的 CAD 系统功能较齐全，但在稳定性、兼容性等方面存在一些差异；国外对仿真方面的研究起步早，CAD 仿真功能已逐步完善，国内软件仿真功能与国外差距比较明显。

一、纬编 CAD 软件

国外的机械制造、电子化程度一直处于世界前列，在纬编 CAD 系统方面发展得也较为成熟。国外的纬编 CAD 系统大多是与其针织设备配套的软件系统，主要用于某一种型号或某一系列的针织设备，如德国迈耶西公司、日本福原公司、意大利圣东尼公司等，这些公司开发的 CAD 系统专供其生产的针织设备使用。

德国迈耶西公司开发的纬编 CAD 系统与其公司纬编圆机设备配套使用，目前市面上应用较多的是 PIC 系统和 MDS1 系统。PIC 系统是迈耶西电脑提花圆机应用较多的 CAD 系统，分为花型编辑器、色彩排列编辑器以及工艺卡编辑器三个子系统。PIC 系统中花型编辑器用于设计织物花型，可通过绘图工具绘制基本的花型，也可直接导入已绘制好的 bmp 格式的花型图片，还可对有组织结构变化的花型进行组织铺设；色彩排列编辑器主要针对调线织物，对其色彩、调线手指等进行设置排列；工艺卡编辑器主要对路数、色彩数、循环数等标准工艺参数以及减少色彩、色彩分配等花型参数进行设置。MDS1 系统是迈耶西较新的基于 OVJA 系列电脑提花圆机的 CAD 软件。MDS1 系统具有花型绘制、组织铺设、工艺检测等功能，能够实现针筒和针盘花型设计功能。与 PIC 系统相比，该系统将多个软件统一到一个软件中，操作更为简单便捷，但该软件应用时速度很慢，将上机文件导入机器中需 1min 左右，而且该软件缺少织物仿真和虚拟展示功能。

福原 CAD 系统主要包括花型编辑器 pattern edit，多色提花编辑器 multi color jacquard，工艺参数编辑器 parameter & striper,wac 格式转换器等几个软件。Pattern edit 用于设计织物的花型,设计过程中可直接在新建的花型中绘制,也可直接打开已保存为 bmp 格式的图片,再进行处理。该软件操作界面直观,但步骤较为烦琐。Parameter & striper 用于对织物的上机工艺进行设置,主要包括路数、颜色、纱嘴等参数设置。

WAC Designer 软件在国外众多纬编 CAD 软件系统中应用较为广泛,是与日本 WAC 电脑提花选针系统相配套的花型设计软件,由于其软件格式与机器设备兼容性好,在国内提花圆机市场中应用极其广泛。该软件界面操作简单,但是功能较少,处理复杂的花型图案较为烦琐。

意大利圣东尼公司开发的 CAD 系统是目前市面上较为成熟的制版系统。圣东尼 CAD 系统包括花型组织绘制软件与上机工艺设计软件两个子系统,不同的机型上机工艺设计软件有所不同。花型绘制软件目前较为常见的为 photon 软件,可以用该软件中的绘图工具绘制花型,也可导入已有 bmp 格式图片,并对花型进行针法铺设。工艺设计软件包括 QUASARS 软件、针对圣东尼 SM-DJ2T(S)机型专门开发 pulsar 软件等。该类软件主要用于设置机器动作,对织物的密度、纱嘴、机速等一系列参数进行设置。

国内纬编 CAD 系统较国外系统起步晚,且不够成熟,多以仿国外系统功能为主。目前国内致力于开发纬编 CAD 系统的公司较少,主要的研究来源于一些纺织院校。

国内纺织高校对于纬编 CAD 系统的开发研究包括浙江大学朱艳在花型准备、编织信息等几个方面着手,开发了针织圆机计算机辅助花样制作原型系统。武汉科技学院潘鄂菁开发了插片系列、滚筒系列、摆片系列、提花轮系列和多针道系列共五大系列纬编产品花型设计 CAD,其具有统一相似的操作界面,并且可以根据针织企业设备情况定制设计。电子科技大学胡孝树以 Visual Basic 6.0 和 MS-Access2003 为开发工具,开发了拨片式圆形纬编机、提花轮纬编提花圆机、滚筒式提花和圆齿片提花圆形纬编机的上机工艺设计和纬编针织物效应模拟软件。江南大学自主研发了纬编 CKCAD2.0 系统,该系统适用于多针道、机械式提花、电脑提花和无缝内衣等各类圆纬机产品开发。CKCAD2.0 系统具有较好的人机界面,操作方便快捷;且具有较好的织物仿真功能,仿真效果逼真;此外,该系统具有较好的虚拟展示效果,使织物能够更直观形象地展示在用户面前;系统具有较好的兼容性,能够适应国内外各类提花圆机、机械圆机的花型与工艺设计。

国内独立开发纬编 CAD 系统的相关企业很少,多与开发控制系统的企业合作并采用其开发的 CAD 系统,如国内的金天梭纬编机械制造公司,其采用恒强公司开发的控制系统并配套使用恒强公司开发的 HqPDS 制版系统来实现机械动作的设置。

纵观国内外纬编 CAD 系统的发展现状,国外 CAD 技术较为成熟,功能较为完善,但是目前软件在织物仿真、虚拟展示等方面没有涉及,而且软件的兼容性不好,基本上各公司的软件只配套该公司生产的机型;国内纬编 CAD 系统开发研究较少,仅有部分纺织高校有所研究,但是都没有能够推向市场。

二、横编 CAD 软件

国外对横编 CAD 系统的研究较早且已经比较成熟,主要代表是德国斯托尔公司开发的 M1

PLUS 系统和日本岛精公司开发的 SDS-ONE 系统,这两套软件都是配套其生产的电脑横机且不兼容其他电脑横机。由于国外对此类应用技术保密,并未公开相关技术,且售价昂贵,单价超过上万美元,因此相关理论资料较少。

针织 CAD 系统是与电脑针织机配套的软件,随着电脑针织机的发展,针织 CAD 技术也在不断进步。国外的针织 CAD 系统以德国 ProCAD、MDS1、M1 PLUS 和 SDS-ONE 为代表,国内以恒强、智能吓数为代表被针织企业广泛使用。这些系统在毛衫设计、成形工艺、制版设计等功能上具有很高的实用性。但这些主流针织 CAD 系统都是单机软件,不能随时随地进行设计,不符合定制化服务的发展方向,所以对针织 CAD 系统的开发提出了新的要求。

M1 PLUS 系统是德国斯托尔公司为其生产的电脑横机配套开发的横编 CAD 系统,是 M1 系统的升级版,具有花型设计、模型设计、导出文件等功能,可以设计包括普通织物、嵌花织物以及全成形织物在内的所有横编针织物,具有标志视图、工艺视图和织物视图三种不同的设计视图,三种视图可以同时打开,方便设计人员查看不同的编织信息。M1 PLUS 系统不可单独购买且只适用于 STOLL 电脑横机,其导出的上机文件包括 JAC、SET、SIN,其中 SIN 是上机控制文件的主体,由 Sintral 语言编写。

SDS-ONE 系统目前发展到 APEX3 版本,同样只配套于日本岛精公司生产的电脑横机。该系统具有纱线模拟、毛衫工艺设计、纸样设计、三维模拟等功能模块,各模块之间可以相互调用生成的信息。SDS-ONE 系统覆盖横编针织物从设计、生产到营销的全流程。与 M1 PLUS 系统不同的是,在设计时只有一个设计视图,因此只能在设计完成后查看织物效果,但其织物模拟仿真效果真实且可进行三维展示,极大减少了打样时间。

整体来看,国外软件起步早,智能化程度高,视图可视性好,操作便捷,功能完善,仿真效果较好,在技术和性能方面都处于行业领先位置,但在使用时都进行了加密且都为单机版软件,没有与互联网技术结合,具有局限性。

国内对于横编 CAD 系统的研发起步较晚,借力于国产电脑横机技术和计算机技术的发展,国产横编 CAD 系统已得到快速发展,因其售价便宜甚至有些软件提供免费服务,因此以恒强(HQ-PDS)、智能吓数、富怡毛衫 CAD 等为代表的横编 CAD 系统在国内市场占有量大。

恒强制版系统由浙江恒强科技股份有限公司开发,具有工艺成型、图形处理、花型编译、参数设置等功能模块,系统界面直观,操作方便,在国产电脑横机上有较多的应用,如飞虎、越发等。该系统目前还在不断升级完善中。

智能吓数是香港的一款毛衫设计软件,从最初仅具有毛衫成形工艺计算功能,发展到具有毛衫制版、款式设计、织物仿真和文件导出等多种功能,在横编企业中也有较多的应用,但以盗版软件居多。

富怡毛衫 CAD 由深圳市盈瑞恒科技有限公司开发,是一款全方位的 CAD 系统,系统界面简洁,功能强大,主要包括毛衫设计、毛衫工艺、毛衫制版模块,具有款式设计、生成文件等功能,在设计衣片的工艺时只需输入毛衫尺寸数据和款型特征且无须人工计算。有免费和付费两种版本,付费版有单机和网络两种,网络版只能在局域网运行。

此外,高校科研机构也对横编 CAD 开展了一系列研究:莫易敏等提出了新的设计思路,将横编 CAD 划分为织法库、布纹库、手工编程、自动编程、数控代码编译五个部分,将织法符号分类归纳为九种;罗冰洋等的研究中采用分层绘图的设计思想,实现了一套基于多图层的设计系统,极大地方便了绘图,能够精确快速地设计花型;郑敏博等人对毛衫工艺进行研究,采用基于Bresenham 方法计算毛衫工艺,开发了具有款式设计模块、方格模拟模块、工艺显示模块等功能的相关软件;洪岩等从毛衫款式出发,优化了毛衫工艺计算的算法,开发了一套毛衫工艺辅助系统,具有绘制工艺单、自动工艺计算等功能;卢致文等设计了横编针织物的数学模型和数据结构,同时利用三次 Bzier 曲线建立线圈模型,开发了线圈模拟程序,采用多视图的方式表达织物,简化了成形设计的流程。

整体来看,国内对横编 CAD 的研究存在以下问题。

(1)过于封闭,网络化程度低,仅能在单机或局域网内运行,并且安装在固定的某台电脑上,受硬件、环境、时空的影响较大。

(2)花型等数据文件只能存放在硬盘里,缺少网络化的产品数据库,不能做到产品的统一管理,且由于存放位置固定不能随时随地取用,造成了企业内部的产品管理困难。

(3)国内软件之间格式兼容性不高,且没有统一的设计标准,缺乏智能化的设计理念。

三、经编 CAD 软件

国外最典型的经编 CAD 软件是由德国 TEXION 公司开发的 Procad 系统,该系统适用于多梳贾卡织物、双针床织物、少梳织物的花型设计与仿真;德国 EAT 公司开发了图案和款式设计软件 Design Scope 系统;西班牙 CADT 公司开发了花边织物设计软件 Lace Drafting Software SA-PO;日本武村研发了提花设计系统。国内 CAD 软件目前应用较多的有江南大学开发的WKCAD 系统,武汉纺织大学开发的 HZCAD 系统。国外拥有领先的图形学技术,对经编 CAD研究水平较高,与国内相比,最突出的优势是织物仿真方面,仿真效果逼真、速度快,可实现二维以及三维的动态仿真。

德国 TEXION 公司研发的 Procad 花型设计系统分为 Procad Developer、Procad Warpknit 两部分,该系统功能全面,性能一流,在市场上占有较大份额。Procad Developer 软件除设计功能外还包括 Procad simulace 和 Procad simujac 模块,这两个模块用于多梳织物及多梳贾卡织物的仿真;Procad Warpknit 由 Procad velours、Procadwarpknit3D 这些子模块组成,Warpknit 适用于少梳、双针床绒类织物及间隔织物的设计与开发,并可进行二维仿真与三维仿真。在三维仿真中纱线可实现股线效果,仿真效果较逼真,操作方便。

Scope 是 EAT 公司开发的针对花型图案设计的系统,其针对纺织品提花图案的特点,开发了很多方便易用的设计工具。Procad 和 Scope 的设计能力覆盖了 KarlMayer 公司所有的经编机型,在国内应用较为广泛。

西班牙 CADT 公司开发的 SAPO 系统是一款花边设计与仿真系统,能用于各类花边工艺的设计,仿真效果出色;日本武村开发的花边设计系统与 SAPO 功能相似,也主要应用于花边和贾卡提花织物的设计与仿真。此外,韩国、印度、土耳其等国家也开发了经编 CAD 系统,但没有在我国推广使用。

国内关于经编 CAD 的研究晚于国外,初期以学习国外 CAD 的先进功能为主,目前在产品设计和仿真方面取得了一定成绩,并针对国内设计需求自主研发了一些实用性较强的功能。国内关于经编 CAD 的研发主要集中在一些高校。

20 世纪 90 年代中期,江南大学开始对经编针织物 CAD 系统开展研究,并开发了一套功能齐全的经编针织物 CAD 系统,该系统的功能模块如图 1-2-1 所示。该系统在 Windows 操作系统上运行,人机界面友好,操作方便;系统兼容性强,在织物仿真方面尤为突出,可进行各类经编针织物的花型设计与仿真,包括多梳花边织物、贾卡织物、高速和双针床织物,图 1-2-2 为该系统的织物二维仿真,(a)图为实物图,(b)图为对应的二维仿真图。除此之外,该系统还能设计特殊的无缝无底提花织物、鞋材织物以及 WB 浮纹织物等。针织中心自主研发适用于各类针织物设计与仿真的 CAD 系统,已获得计算机著作权 8 项,有中文版和英文版。目前覆盖了中国 80% 以上经编企业,并推广至美国、日本、西班牙、韩国、墨西哥、土耳其、印度等 12 个国家和地区的近 600 家企业,全球市场占有率第一,江南大学的经编 CAD 技术处于国际领先地位。

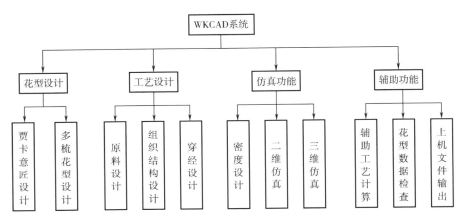

图 1-2-1　WKCAD 系统

关于经编针织物结构特征研究与几何模型建立,采用 NURBS 曲线对线圈进行建模。现有的建模方法有。

1. 几何建模法

如图 1-2-3 所示,基于线圈结构参数,经过大量采样、测量、统计,归纳线圈形变规律。算法简单、快速,但忽略了纱线的物理特性,真实感不佳。

2. 物理建模法

如图 1-2-4 所示,基于纱线性能

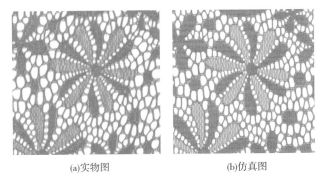

(a)实物图　　　　　(b)仿真图

图 1-2-2　织物的二维仿真

和动力学原理,分析线圈间受力,利用方程求解线圈的形变位移。该建模法得到的线圈真实感较好,但因其计算复杂,较几何法相比速度稍慢。

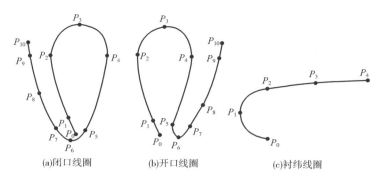

(a)闭口线圈　　　(b)开口线圈　　　(c)衬纬线圈

图 1-2-3　线圈几何模型法

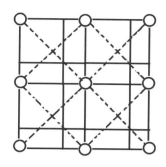

图 1-2-4　质点—弹簧模型法

3. 纹理映射法

如图 1-2-5 所示,基于实际纱线图像,将纹理像素映射到织物的几何模型上,由此来模拟织物外观的真实感。其真实感较突出,仿真速度快。但需要大量纹理数据,灵活性较差。

4. 纹理函数法

如图 1-2-6 所示,基于几何模型或纹理特征来拟合纹理分布函数,通过此方法计算像素纹理值,获得较好的线圈真实感,且仿真速度较快。但对复杂纹理的模拟存在一定缺陷。

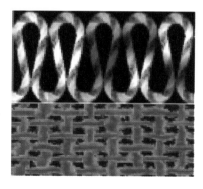

图 1-2-5　贴图法模拟纱线纹理

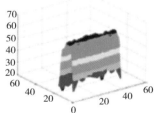

图 1-2-6　拟合纹理分布函数

上海凌笛数码科技有限公司是一家 3D 时装合成软件研发商,通过 3D 合成软件将传统订货制作服装的过程转到线上完成。服装品牌商在推出新款服装前,需要经过设计款式、制版、做样衣、调整色彩与面料等一系列流程。传统方式下,从客户提需求到供应商供货需要 3 个月时间。

"凌笛数码"开发的 Style-3D 软件可实现浏览器级别的微计算量 3D 实时模拟,基于人工智能深度学习算法,支持用户以图片搜索服装或面料,结果准确度达 90% 以上。平台设计制版能够实现实时 3D 设计模拟调整和实时替换衣片面料需求,通过平台跨软件程序接口,用户可将设计文件转换成行业标准跨平台格式。

到目前为止,不管是经编 CAD 系统、纬编 CAD 系统还是横编 CAD 系统,都是单机版软件,然而随着网络技术和信息时代的发展,单机版 CAD 软件的局限性也在慢慢显现出来,软件的安装、版本升级,局域网限制等阻碍了 CAD 软件的发展,随着工业互联网时代的到来,为了提升纺织行业在国际市场的竞争力,将针织技术与互联网技术相融合已是必然趋势。

第三节　互联网针织 CAD 系统关键技术

互联网针织 CAD 系统的实现需要融合界面交互、云计算、织物仿真和虚拟展示等多项关键技术。

一、界面交互技术

采用 B/S 结构,统一客户端,将系统功能核心数据部分集中保存在服务器端,简化了系统的开发、维护和使用;用户可以在任何地方进行操作,实现客户端零安装、零维护。

在设计界面中,用户通过鼠标、键盘等简单操作完成针织物花型图、编织图的绘制与设计。设计界面主要采用网页前端技术 HTML5、JavaScript 与 CSS3 实现网页与用户的交互。HTML5 具有优秀的图形处理、三维特效等能力,带有的 Canvas 对象使浏览器具有绘制矢量图的功能,有利于实现织物的花型设计。JavaScript 是嵌入在 HTML5 中的一种脚本语言,用于对 HTML5 的对象进行操作,对捕捉到的鼠标和键盘的操作指令进行处理,然后呈现在用户操作的对象上。CSS3 则常用来为网页添加各式各样的动态功能,为用户提供更流畅美观的浏览效果。目前大多数浏览器已支持 HTML5、JavaScript 与 CSS3,其中 JavaScript 语言不仅在 PC 端广泛兼容,在手机、平板电脑等手持式设备上也有较好的兼容性。通过 HTML5、JavaScript 语言与 CSS3 三者的组合可以很好地实现动态网页的交互设计,并使网页拥有极佳的外观与动态功能,并具有织物设计方便、数据响应快速等特点,提升了设计者的体验感。

二、云计算技术

云计算通过互联网将各种软硬件资源以服务的方式提供给终端用户,从而实现各种资源的虚拟化,提高服务的可扩展性。将云计算应用到 CAD 软件上,其效果主要体现在以下几方面。

(1)大计算量。进行织物仿真时,普通计算机的性能远远不能满足织物真实感仿真所需要的速度。而云计算运用并行计算、分布式计算的方法将计算任务提交到其他多个服务器上运行,以此获得强大的计算能力,十几分钟的仿真计算便可在几秒内完成。

(2)大数据容量。云计算的服务器数量庞大,最大的规模可达百万台。云计算提供的网络数据库,不占用用户本身的存储资源,在云端的数据库打破了时空的限制,用户可根据需要随时随地存取数据库中的内容,同时还可以分享国内外其他生产厂家提供的产品资料,得到最新纱线和面料的信息。

（3）高可靠性。云计算采用数据多副本容错等技术保证了数据的安全性，因此数据存储在云端比本地更可靠。

三、图像处理技术

织物仿真使用户可提前预览所设计的针织产品的生产效果图，减少产品试样次数，缩短产品开发周期。该技术首先模拟纱线的真实感，再采用 Pierce 理想线圈模型，模拟线圈的真实形态，然后采用光照模型提高线圈的立体感，并根据工艺编织图的数学值生成线圈结构的图源，在贴图之前根据花型意匠图的数学值进行换色处理，最后依次贴图，生成织物的仿真效果图。在织物的三维仿真中 WebGL 技术，通过光照模型与纹理映射法增加线圈的真实感，然后通过受力分析，得到线圈的受力位移规律控制线圈的形变，最终生成织物仿真图。

四、虚拟展示技术

在设计中引入虚拟展示技术，通过图形学、图像处理及三维建模等技术对织物的真实感进行模拟，在设计过程中就可看到织物穿在人体上或使用中的效果。

首先，采用虚拟现实技术与空间变形实现人体的参数化建模，建立包含有不同性别多种体型的人体模型；其次，设计多款不同尺寸的针织男装和女装，运用 Web Services 技术和图像处理技术，实现针织面料在实际场景中真实的使用效果，建立穿着在人体上的三维服装模型，并将该模型保存在数据库中；最后通过模糊算法实现人衣智能匹配，使用纹理映射将针织面料的花型展示在服装上，取得具有高度真实感的虚拟展示效果，实现针织服装高度逼真的三维虚拟展示。

五、人工智能技术

通过人工智能技术，对针织面料图像的特征进行选取。根据纹理特征，使用共生矩阵方法或 Gabor 滤波器，采集图像的纹理信息；采用颜色直方图的计算获取针织产品的颜色特征；利用七矩阵、傅立叶述子、小波特征描述以及有限元等方法，对针织物的形状特征进行收集。通过对纹理特征、颜色特征以及形状特征这三个方面的描述，对针织物的图像进行分类和检索。

第四节 互联网针织 CAD 系统主要功能

基于互联网技术设计与开发的针织 CAD 系统，通过研究针织物的编织原理建立针织物的数学模型，研究针织物的基本设计方法，分析针织物在提花和成形过程中的变化，结合互联网技术设计系统的架构和功能，并实现针织物在互联网上设计的功能。研究内容主要有以下几个方面。

（1）研究针织物的编织原理，分析针织物包含信息的构成，并对其包含的信息进行数学建模和结构定义。研究针织物的设计方法，主要包括了针织物的提花设计方法和成形毛衫设计方法，并对设计方法的原理进行分析和总结，分析不同提花方式的分解规律。通过分析成形原理来理解成形的规律,研究成形工艺的设计方法,分析成形数据的数据特点,为实现衣片成形的编织工艺做准备工作。

（2）研究互联网程序的开发特点,分析客户端和服务器端的开发技术,主要包括客户端技术 HTML5、JavaScript、CSS,服务器端技术 ASP. NET C#、SQL Server、IIS 和一些扩展技术 JSON、AJAX 等。研究 B/S 架构的特点,基于 B/S 设计本系统架构。根据针织物的设计流程设计本系统的功能模块;根据针织物的设计习惯设计本系统的界面。

（3）以 Visual Stuido2015 作为开发平台,前台主要应用 HTML5 技术,后台主要应用 ASP. NET C#技术实现系统功能。重点是在浏览器上实现设计的功能,织物设计中实现主要图案的绘制和不同视图之间的显示。图案绘制应用<Canvas>自带的方法可以实现直线、矩形等形状的绘制,通过 ASP. NET C#可以实现导入图片像素点的获取。研究不同视图图形的显示规律,采用不同的方法贴图。对于花型意匠图和工艺编织图,可采用制作图元贴图的方法;对于线圈结构图,可采用分层分区贴图的方法。研究组织填充和提花编辑的方法,实现在一个视图上操作,其他视图也随之变化的功能。根据成形毛衫的设计方法,将毛衫的设计简化为款式编辑、生成模型、工艺转化三个部分,并建立款式库保存设计的款式。研究花型编译的流程和 STOLL 上机文件的输出,结合数据处理系统,建立产品数据库,并通过 AJAX 技术实现客户端与数据库的连接。最后通过 IIS 技术发布网站,通过产品设计实例证明针织物在互联网上设计的可行性。

一、花型设计

对于花型设计,互联网针织 CAD 的 Web 应用终端提供了便捷的绘图工具,快速完成花型的设计或再设计。如图 1-4-1 所示,为针织物花型三视图,分别为工艺编织图、花型意匠图以及线圈结构图。采用三视图表示针织物花型,相比传统 CAD 系统更直观且易于理解,节约了设计者的思考时间;可通过后台服务器完成自动包边与组织填充等功能,提高了应用终端的响应速率和使用流畅性;可通过网络从产品数据库获取如 BMP 位图等设计素材,从而避免重复劳动,节约花型设计的时间。对于工艺设计,互联网针织 CAD 系统可根据规格、尺寸,自动生成编织工艺,简化了花型设计流程。

 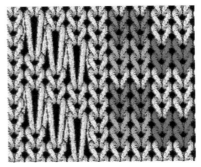

(a)工艺编织图　　　　　　(b)花型意匠图　　　　　　(c)线圈结构图

图 1-4-1　针织物花型三视图

二、工艺设计

如图 1-4-2 所示,在工艺设计单中,系统可以根据花型工艺自动设定编织参数,优化编织效率,并自动进行编织检测;对上机参数进行智能设置,自动计算产量、效率及原料比等生产数据;根据工艺编织图自动生成三角排列图与织针排列图,由花型意匠图自动生成编织图。

三、织物仿真

互联网针织 CAD 系统根据针织纱线的结构特征,运用计算机图形学实现纱线的真实感模拟;根据针织物的花型结构及其形变规律,运用NURBS 实现线圈结构的二维仿真;通过云计算解决针织物三维立体仿真计算量大问题,实现针织物在线高品质仿真,减少试样环节,降低生产成本,缩短开发周期。图 1-4-3 分别展示了针织物的二维仿真与三维仿真效果。

图 1-4-2　工艺设计图单

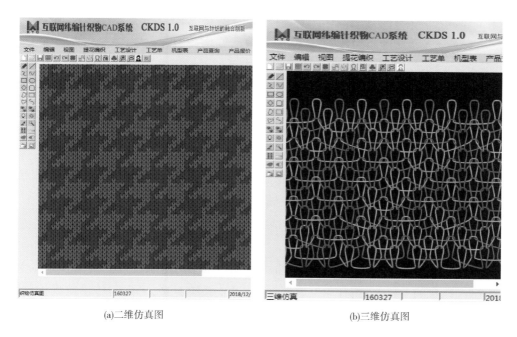

(a)二维仿真图　　　　　　　(b)三维仿真图

图 1-4-3　针织物仿真效果图

四、虚拟展示

针织物的二维仿真和三维虚拟展示需要计算机进行大量运算,因此传统的针织物 CAD 系统对计算机硬件要求较高,仿真计算时间较长。而对于互联网针织 CAD 系统,通过将仿真和虚拟展示的计算工作分配到后台若干台主机进行并行运算,大大缩短了针织物二维仿真与三维虚拟展示的时间。同时,由于用户终端仅需进行命令的发送与仿真结果的接收和展示,大大降低了对硬件的要求,也降低了硬件成本。图 1-4-4 所示为客户端接收到的三维虚拟人体模型。

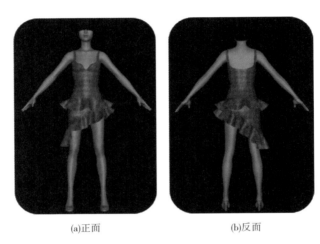

(a)正面   (b)反面

图 1-4-4　三维虚拟展示图

五、产品检索

现在企业十分强调新产品的开发,产品工艺数据剧增,初步形成了企业"大数据"现象,大多数企业建立了产品数据库,如何在几万个产品中迅速查到工艺显得尤为重要。互联网针织 CAD 系统实现了在线织物分析和在线图案检索。通过智能手机等设备拍摄织物并上传到云端,系统提供织物分析的 WEB 服务,一般是利用噪声法、滤波法、图像增强和图像纹理分割等高效的图像处理技术,得到织物的基本参数。但这种方法一般是针对某种特殊结构的织物,缺少普遍适应性。

同样,通过智能手机得到带有图案的织物图像,然后利用图像机器学习中的"深度学习"方法在云端数据库中检索出类似的产品,为用户提供相应的产品数据。

六、数据输出

互联网针织 CAD 系统适用于各类针织物的设计,可以输出适用于国内外各类电脑圆机、电脑横机、电脑经编机的上机文件,并与互联网针织 CAM 系统对接,可远程传输花型控制数据到指定的针织装备控制系统。

第二章　互联网纬编 CAD 系统设计与实现

在当今大数据以及信息化时代的背景下,CAD(计算机辅助设计)技术在互联网以及网络数据库等新技术的迅速发展下也增加了新的设计理念和技术内容。计算机的应用已经渗透到针织产品设计从生产到控制的全过程。随着纬编科技含量的不断提高,纬编 CAD 技术在现代纬编企业中起着不可或缺的作用。而现存的纬编 CAD 系统一般是 Windows 应用软件,运行环境仅局限于单机或局域网,不能贯穿于产品的整个生产周期,设计的产品数据不易集中存储,管理起来比较困难,从而对提供有效的产品信息产生影响,不能为工艺生产管理提供完善的数据。

基于针织产品网络辅助设计技术的发展,在传统纬编针织物 CAD 的基础上开发了面向纬编针织物产品设计生产全过程的纬编针织物 CAD 系统。该系统在原有纬编针织物 CAD 的基础上,利用互联网技术和数据库技术的强大功能,为设计者提供随时随地在线设计的便利条件和丰富的产品数据库。网络体系结构不再是传统的 C/S(客户机/服务器)结构,而是更加方便快捷的 B/S(浏览器/服务器)网络结构,统一了客户端,将关键的系统功能转移到服务器上,实现了纬编针织 CAD 系统的转型升级。

第一节　纬编 CAD 系统结构设计

一、系统的三层 B/S 网络结构

系统采用 B/S 结构,优势在于可在任何地方进行相应的操作而无须安装相关的软件,只需将计算机或智能终端进行联网即可使用,客户端免安装、免维护。整个系统网络结构可分为表示层、服务层、数据层三层,如图 2-1-1 所示,服务层为该系统的核心部分,集中了系统功能实现的核心技术,数据资源集中保存于服务器端。

1. 表示层的构成及主要功能

表示层的硬件和软件主要通过用户所使用的智能终端如手机、iPad 以及笔记本等硬件及其浏览器来实现。主要用于实现互联网用户访问系统,无论何时何地只要能够上网,就可以使用该系统。

2. 服务层的构成及主要功能

服务层主要由 Web 服务器的硬件以及 Windows 操作系统组成,性能稳定的 Web 服务器是发布网站和数据存储及管理的前提条件。服务层处于数据层与表示层之间,在数据交换中起到

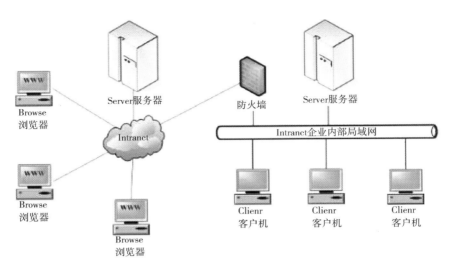

图 2-1-1　三层 B/S 网络结构图

了承上启下的作用,位置非常关键。其主要功能是完成表示层和数据层客户端与服务器端的调用。

3. 数据层的构成及主要功能

数据层的组成主要依靠数据库服务器的硬件与 SQL Server 2008 数据库来实现。数据层的主要功能是实现纬编产品数据信息的存储与查询。依靠 SQL 数据库的存储功能,可以方便快捷地存储并管理产品信息,大大节约了数据操作的时间。

二、系统整体构架

该系统主要由文件管理、花型设计、工艺设计、产品数据库四个功能模块,每个功能模块又由多个子模块构成,如图 2-1-2 所示为该系统整体功能模块图。在整体构架上与传统单机版 CAD 系统相比,最大的不同是增加了产品数据库功能,确保了设计成果不会因突发情况而意外丢失,并且可以用关键的工艺参数以及织物的图案特征进行快速的产品检索。

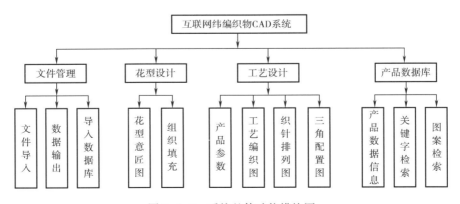

图 2-1-2　系统整体功能模块图

第二节 纬编 CAD 系统模型建立

一、纬编针织物基本结构及编织

1. 编织系统

纬编针织机的编织系统如图 2-2-1 所示,主要由织针、三角、针盘、针筒、导纱器构成,影响纬编针织机编织系统的机构还包括传动机构、送纱机构、牵拉机构和质量控制装置等,各机构间相互配合完成编织。

（1）织针。纬编针织机普遍使用舌针,舌针一般由针钩、针舌、针舌轴、针杆、针踵、针尾组成。纬编针织机上织针成圈的基本结构如图 2-2-2 所示,是由提花片、挺针片(中间)和织针连接。

（2）三角。在舌针纬编机上,针织物的三种基本结构单元是由成圈、集圈和不编织三角作用于织针形成的。如图 2-2-3 即为编织三角。

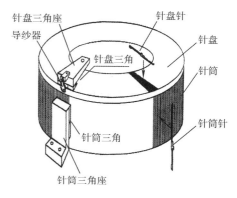

图 2-2-1 编织系统

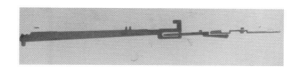

图 2-2-2 提花片、挺针片(中间)、织针三级连接结构

2. 基本编织动作

基本编织动作包括成圈编织、集圈编织、浮线编织和移圈编织。如图 2-2-4 所示。

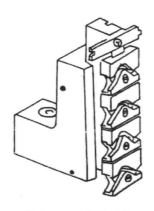

图 2-2-3 编织三角

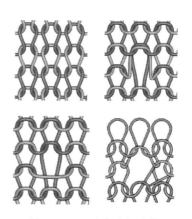

图 2-2-4 基本编织动作

二、数学模型建立

纬编针织物一个线圈高度的行称为花型行,一个花型行由一个或若干个工艺行编织而成,因此,纬编针织物是以工艺行为单位进行编织的。每一工艺行上的信息构成了纬编圆机所需要的编织信息,可用花型信息、工艺信息和三角织针排列信息表示纬编针织物。

1. 花型意匠图数学模型

花型意匠图是一个二维平面图形,它所表示的是织物外观的花型图案或者不同的组织结构,所以可以使用二维矩阵进行花型意匠信息的描述。二维矩阵的数据可以对花型意匠图的任意一个意匠格的编织信息进行描述并存储,建立如式(2-1)所示的花型意匠图二维矩阵 C:

$$C = \begin{bmatrix} C_{1,1} & \cdots & C_{1,w} \\ \vdots & C_{j,k} & \vdots \\ C_{h,1} & \cdots & C_{h,w} \end{bmatrix} \tag{2-1}$$

式中:j 是花纹循环的线圈横列号,即代表一个花型行,取值范围为 $1,2,\cdots,h,h$ 表示组织循环花高,从下至上编号;k 是花纹循环的线圈纵行号,取值范围为 $1,2,\cdots,w,w$ 表示组织循环花宽,从左至右进行编号;$C_{j,k}$ 表示花纹循环中第 j 横列第 k 纵行的意匠信息,利用颜色编号来赋值,具体取值为 $0,1,\cdots,$ 255,分别代表不同的颜色信息。根据设计需要选取相应的颜色对意匠图进行点击填充,意匠信息将以颜色编号的形式被定义并保存。如图 2-2-5 所示为花型意匠图及对应矩阵。

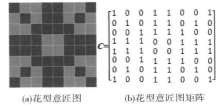

(a)花型意匠图　　(b)花型意匠图矩阵

图 2-2-5　花意匠图的数学表示

2. 工艺编织图数学模型

纬编工艺编织图是将针织物的横断面形态用图形表示的一种方法,它不仅表示了每一枚织针编织的线圈结构,还表示了织针双面纬编针织物中的排列情况,同时也能够表示出上下针床的编织情况。假设完全组织循环花宽为 w,循环花高为 h,可建立式(2-2)所示的编织动作矩阵 K:

$$K = \begin{bmatrix} K_{1,1} & \cdots & K_{1,w} \\ \vdots & K_{i,j} & \vdots \\ K_{h,1} & \cdots & K_{h,w} \end{bmatrix} \tag{2-2}$$

式中:h 表示花高,w 表示花宽,i 是花纹循环的工艺行编号,取值范围为 $1,2,\cdots,h$;j 是花纹循环的线圈纵行号,取值范围为 $1,2,\cdots,w$;$K_{i,j}$ 表示花纹循环中第 i 个工艺行第 j 纵行的编织信息,可用编织动作编号 m 来赋值,其具体取值为 $0,1,2,\cdots,m$。表 2-2-1 表示 48 种编织动作编号及其对应的编织信息。选用不同数据信息对编织图赋值之后,编织信息被定义并保存。根据保存的信息可以绘制出对应的编织图,如图 2-2-6 所示为某一组织的编织图及其对应矩阵。

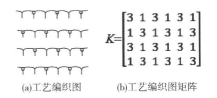

(a)工艺图　　(b)工艺编织图矩阵

图 2-2-6　编织图数学表示方法

表 2-2-1　编织信息及其对应数据表

线圈代号 m	示意图	含义	线圈代号 m	示意图	含义
0		不织	24		单面衬经衬纬
1		前成圈	25		双面衬经衬纬
2		后成圈	26		正包毛圈
3		前后成圈	27		反包毛圈
4		前集圈	28		正反包毛圈
5		后集圈	29		低毛圈
6		前成圈后集圈	30		高毛圈
7		前集圈后成圈	31		正反毛圈
8		前后集圈	32		经纱提花
9		不选针（浮线）	33		经纱衬垫 1
10		添纱 1	34		经纱衬垫 2
11		添纱 2	35		经纱添纱
12		添纱 3	36		长毛绒
13		添纱 4	37		单面左移 1
14		衬垫 1	38		单面右移 1
15		衬垫 2	39		单面左移 2
16		前成圈衬纬	40		单面右移 2
17		后成圈衬纬	41		双面前移后
18		前后成圈衬纬	42		双面后移前
19		前集衬纬	43		双面左移 1
20		后集衬纬	44		双面右移 1
21		前织后集衬纬	45		单面菠萝移圈 1
22		前集后织衬纬	46		单面菠萝移圈 2
23		前后集衬纬	47		双面菠萝移圈

3. 织针排列图数学模型

织针排列图是根据工艺编织图及其生产要求确定的每个针道的出针信息。合理配置织针的排列也可增加花型组织的类型。假设完全组织循环花宽为 w，针筒针道数为 t，针盘针道数为 p，用 z 来表示总针道数 $(t+p)$，其织针排列的数学模型可用式(2-3)所示的矩阵 Z 表示：

$$Z = \begin{bmatrix} Z_{1,1} & \cdots & Z_{1,w} \\ \vdots & Z_{i,j} & \vdots \\ Z_{z,1} & \cdots & Z_{z,w} \end{bmatrix} \tag{2-3}$$

式中：i 表示针道数，取值范围为 $1,2,\cdots,z$，从上至下进行编号；j 是花纹循环的纵行号，取值范围为 $1,2,\cdots,w$，从左至右进行编号；$Z_{i,j}$ 表示第 i 针道第 j 根针的出针信息，当 $Z_{i,j}=0$ 时表示在第 i 针道没有出针信息，当 $Z_{i,j}=1$ 时表示第 i 针道有出针信息。如图 2-2-7 所示为织针排列图及其对应的矩阵 Z，织针排列图表示针筒针有 3 种踵位，并呈 "\/" 排列，针盘针有 2 种踵位，呈一隔一排列。

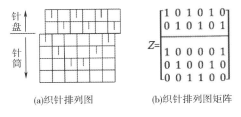

(a)织针排列图　　(b)织针排列图矩阵

图 2-2-7　织针排列图及对应矩阵

4. 三角配置图数学模型

针对普通圆纬机的产品设计，还可以用各路成圈系统的三角变化配置来表示织针编织的情况，即三角配置图。它同样反映了织针的编织动作，与工艺编织图和织针排列图有着密不可分的关系。在设计花型时，先根据编织图确定织针排列图，之后再根据具体的编织信息来安排对应的三角。如式(2-4)所示，定义三角配置图的二维矩阵 S：

$$S = \begin{bmatrix} S_{1,1} & \cdots & S_{1,h} \\ \vdots & S_{i,j} & \vdots \\ S_{z,1} & \cdots & S_{z,h} \end{bmatrix} \tag{2-4}$$

式中：z 为针道数，h 为花高；$S_{i,j}$ 表示第 i 针道第 j 路的出针信息，其具体取值再根据 $K_{i,j}$ 来判定。转换时只需对同一针床上的织针编织数据进行比较。为了便于比较，将 $K_{i,j}$ 分为针筒 $T_{i,j}$ 和针盘 $P_{i,j}$ 两个矩阵，表 2-2-2 为其转化关系。具体绘制流程见图 2-2-8。图 2-2-9 所示为线圈图转换成三角配置图的效果图。

表 2-2-2　由 $K_{i,j}$ 到 $T_{i,j}$ 和 $P_{i,j}$ 的转化关系

$K_{i,j}$	$T_{i,j}$	$P_{i,j}$	$K_{i,j}$	$T_{i,j}$	$P_{i,j}$	$K_{i,j}$	$T_{i,j}$	$P_{i,j}$
1	1	3	4	3	2	7	2	3
2	3	1	5	1	1	8	2	2
3	2	1	6	1	2	9	3	3

注　$K_{i,j}=1$ 表示成圈，$K_{i,j}=2$ 表示集圈，$K_{i,j}=3$ 表示浮线。

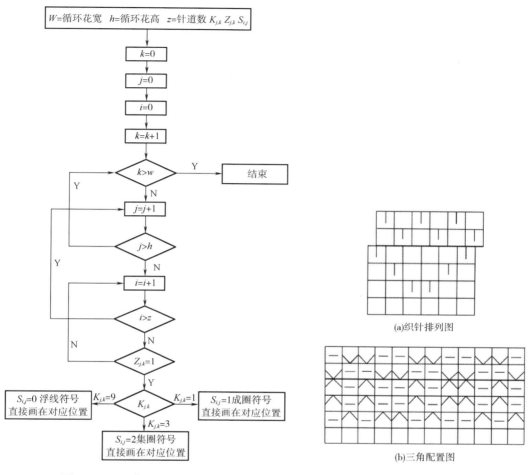

图 2-2-8　三角配置图绘制流程　　　　图 2-2-9　织针排列图与三角配置对应图

三、模型转换

1. 多针道织物

纬编多针道织物是指在机械式圆纬机上编织的、由三角控制织针走针轨迹的针织物。编织该类织物时,花型的变化主要通过变化三角的排列来实现,因此,编织三角的排列尤为重要。

多针道织物的表示方法为工艺编织图,表示织针具体的编织动作。三角配置图是用各路成圈系统三角的不同配置来表达织针的编织状态,同时表达了织针的编织动作,三者之间存在一定的转化关系。如果已知工艺编织信息和机器基本配置(如针道数),可以转化为织针排列信息和三角配置信息,也同样可以由织针排列信息和三角配置信息转化为工艺编织信息。其转化规律见图 2-2-10。

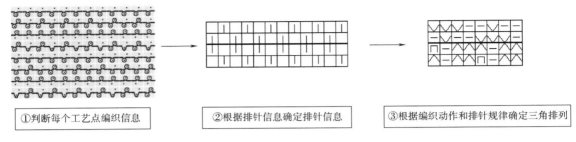

| ①判断每个工艺点编织信息 | ②根据排针信息确定排针信息 | ③根据编织动作和排针规律确定三角排列 |

图 2-2-10 模型转化规律

2. 提花织物

纬编提花组织是指将不同颜色的纱线和针盘针筒变化的出针方式相结合编织而成的一种组织。

提花织物根据提花方式不同分为单面提花和双面提花；根据提花区域的不同分为局部提花和整体提花；根据提花线圈的大小分为均匀提花和不均匀提花；根据反面出针规律的不同分为完全提花和不完全提花；根据反面提花效应的不同分为浮线提花、横条提花、竖条提花、芝麻点提花、空气层提花等。图 2-2-11 表示提花织物由花型信息进行提花的步骤。图 2-2-12 表示以不同的反面效应进行提花分解的规律。

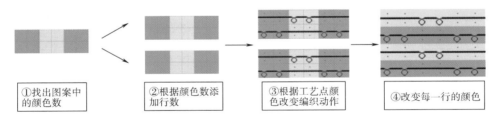

| ①找出图案中的颜色数 | ②根据颜色数添加行数 | ③根据工艺点颜色改变编织动作 | ④改变每一行的颜色 |

图 2-2-11 由花型信息进行提花的步骤

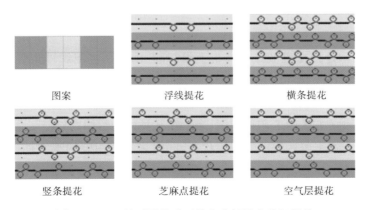

图案　　　　　浮线提花　　　　　横条提花

竖条提花　　　　　芝麻点提花　　　　　空气层提花

图 2-2-12 以不同的反面效应进行提花分解规律

第三节 纬编 CAD 系统功能实现

本系统是利用 ASP. NET 技术、C#语言、JavaScript 语言以及 HTML5 开发的 Web 应用程序。该程序没有特定的客户端,使用操作系统自带的浏览器便可运行,非常方便,而且它是基于网页编写的程序语言,可以跨平台使用;而线下 CAD 系统则需要在相应的客户端运行,且不能跨平台使用,对客户端的操作系统有一定限制。虽然 B/S 模式在图形的表现能力以及运行的速度方面有所欠缺,但随着网页语言以及浏览器的进一步升级,它的兼容性越来越好,用户体验更加流畅,如 HTML5 在图形的渲染方面以及音频、文件的处理上已经非常强大了。ASP. NET 是一种服务器端的技术,它可以制作动态 Web 网页的内容。通过 ADO. NET 提供的 GridView 等数据库元件可以直接和数据库连接,使产品数据的安全性和实时性得到保证,ASP. NET 还支持应用程序的实时更新,管理员不需要做任何操作,就可以更新应用文件。这使得纬编针织物 CAD 系统开发成为可能。在 HTML5 中,新添加的<canvas>元素可以更好完成 web 网页的互动与设计,提升系统的交互性。且如 Chrome,Firefox,Safari,IE9 和 Opera 等现代流行的浏览器,无论是在电脑终端还是手机终端,都支持 HTML5。在程序的设计过程中大量使用了 HTML5 的 Canvas 元素,这个元素本身的功能比较有限,但通过该元素可以获取一个 Canvas RenderingContext2D 对象,该对象是一个功能强大的绘图程序的编程接口(API),可以绘制复杂的集合图形和字符串。这使得开发 Web 应用程序变得更加简单。

一、花型意匠图绘制功能实现

花型意匠图是采用特定的颜色来表示织针编织结构单元组合规律的一种设计方式,尤其适合于彩色提花产品的设计。其特点是花型范围不受限制,且功能较多。这些颜色不仅可以表示不同结构的线圈还可以表示不同原料或不同色彩的纱线。花型意匠图描述的是织物最后的花纹效果,每个意匠格表示 1 个线圈,意匠格的颜色就代表了该编织区域纱线的颜色或该线圈的结构,直观性强,便于用户的设计。用户可以根据需要设计花型,并将设计的花型数据保存在数据库中。

在意匠图中,基本元素不是像素点而是意匠格。一般来说,一个意匠格由 20 个像素点组成。根据不同的设计需求,一个意匠格所含像素点的多少也是不同的。假设像素点坐标(x, y),意匠格坐标(j,k),用 g_w 来表示构成单个意匠格长、宽所需的像素个数,则它们之间的关系如式(2-5)所示:

$$j = (x/g_w + 1), k = (y/g_w + 1) \tag{2-5}$$

系统通过花型意匠视图显示织物,每个视图上都用不同的颜色表示织物的效应或图案。用户不仅可以通过便捷的绘图工具对花型意匠图进行编辑和设计,还可以直接导入 *. png、*. jpg、*. bmp、*. gif 等多种格式的图片进行绘制。除此之外,考虑到一些提花组织需要设计大花型,逐一绘制费时费力,且效果不佳,因此,与常见的绘图工具类似,在纬编针织物设计系统中添加了一些必要的几何绘图工具如直线、矩形、椭圆等,以及拥有换色、填充等功能的油漆桶工具,方便设计人员对复杂线条与图形的绘制。

二、工艺设计功能实现

1. 工艺编织图

工艺编织图是将针织物的横断面形态按编织顺序和织针的工作情况,用图形表示的一种方法。根据不同的编织情况,使用不同的符号分别表示成圈、集圈和浮线。工艺编织图功能的实现主要依靠 Canvas 贴图的方法。首先将线圈所有情况做成图元保存在程序中,并显示在界面左侧的工具栏中。具体实现过程中应用 Canvas 的双缓存技术,通过按钮控件的 OnClick 事件获取图元并将其画在一个 Canvas 上,然后通过绘图区域 Canvas 的 OnMouseDown 事件将其贴在点击的相应位置。建立二维动态数组 $K[j,k]$,绘图完成后保存 $K[j,k]$ 数据信息,并使用 Session 对象将其存入数据库的相应字段中。

2. 织针排列与三角配置图

织针排列表示多针道纬编产品设计中织针的排列方式,三角配置图是用各路成圈系统三角的变化配置来表示织针编织状态。其中织针排列图可通过产品设计自动计算获得或进行手动选择与设计,三角配置图由系统根据工艺编织图和织针排列图计算得到。

3. 工艺参数设计与计算

互联网纬编 CAD 系统的工艺设计功能丰富,它可以根据设计的规格和尺寸自动生成编织工艺;根据花型工艺自动设定编织参数,优化编织效率,并自动进行编织检测;还可以对上机参数进行智能设置,自动计算产量、生产效率等生产数据;根据工艺编织图自动生成三角排列图与织针排列图。

三、织物仿真

1. 二维仿真

通过对纱线结构、颜色、毛羽的设计与模拟,实现针织物二维仿真。通过二维仿真可以省去打样工序,作为织物营销的依据。根据针织纱线的结构特征,利用计算机图形学中的 API+绘图接口,通过透明贴图的方法实现纱线的真实感模拟。图 2-3-1 所示为两种不同组织的二维仿真图。

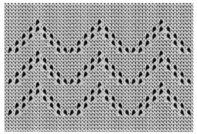

图 2-3-1 织物二维仿真图

2. 三维仿真

三维仿真的模型基础为十点线圈模型,根据织物线圈的实际形态计算可以控制点坐标。通过 WebGL 技术和 Three. js 技术绘制线圈结构图,通过云计算解决针织物三维立体仿真计算量大的问题。通过三维仿真可以看到织物的实际效果,减少试样环节,降低生产成本,缩短开发周期。

一个完整的纬编线圈结构由针编弧、沉降弧和圈柱组成。根据经典的二维线圈模型 Peirce 线圈模型,线圈是由圆弧和直线组成的。假设在织物完全松弛的状态下,针编弧和沉降弧用半圆表示,圈柱用圆柱表示,纱线的横截面为圆形,粗细均匀一致。根据经编的六点经典模型,延伸出纬编十点控制模型,建立如式(2-6)所示的三维矩阵对其进行表示:

$$X = \begin{bmatrix} X_{h,k,i} & \cdots & X_{h,w,i} \\ \vdots & X_{j,k,i} & \vdots \\ X_{1,1,i} & \cdots & X_{1,w,i} \end{bmatrix} \tag{2-6}$$

式(2-6)中:h 表示花高,w 表示花宽,j 是花纹循环的横列号,取值范围为 $1,2,\cdots,h$;k 是花纹循环的纵行号,取值范围为 $1,2,\cdots,w$;i 为线圈控制点的编号,取值范围为 $1,2,\cdots,10$;$X_{j,k,i}$ 表示第 j 横列第 k 纵行处线圈的第 i 个控制点。

平针线圈是纬编线圈结构中最基本的一种线圈类型,如图 2-3-2 所示,针编弧由 P_4-P_5-P_6-P_7 组成,沉降弧由 P_1-P_2-P_3 和 P_8-P_9-P_{10} 组成,圈柱由 P_2-P_4 和 P_7-P_8 组成,其中黑色圆点为控制点,圈距用 N 表示,圈高用 T 表示,成圈线圈各个控制点之间的距离用 N_1、N_2、N_3、N_4、T_1、T_2、T_3 表示。各控制点之间的距离以及线圈圈距和圈高的比例通过织物的密度和原料来确定。

建立三维坐标系,以 P_3 和 P_8 所在直线为 X 轴,线段 P_3P_8 的垂直平分线为 Y 轴,X 与 Y 的交点记为 O,垂直于面 XOY 并过点 O 作 Z 轴。以点 O 作为线圈模型的基准点,记做 (X_j,k,Y_j,k,Z_j,k)。取第 1 横列、第 1 纵行的基准点 $X_{1,1}=a$,$Y_{1,1}=b$,$Z_{1,1}=c$,每个线圈的基准点满足式(2-7)所示的关系:

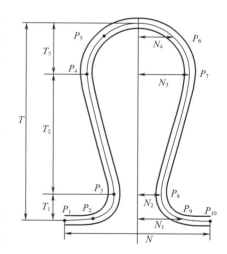

图 2-3-2 平针线圈结构

$$X_{j,k} = a+k*T$$
$$Y_{j,k} = b+j*N$$
$$Z_{j,k} = c+0 \tag{2-7}$$

式中:k 为循环横列号,取值范围为 $1,2,\cdots,w$(循环花宽);j 为循环纵行,取值范围为 $1,2,\cdots,h$(循环花高)。根据以上关系确定如表 2-3-1 所示的平针理想线圈模型中各控制点的具体坐标。在双面织物中,在织物的工艺正面可以同时看到正面线圈和反面线圈,反面线圈的针编弧覆盖在正面线圈的圈柱上。假设反面线圈与正面线圈比例相同,仅存在厚度方向上的差异,在平针线圈的基础上可以建立理想反面线圈模型。

表 2-3-1　理想平针线圈模型控制点坐标

控制点	X	Y	Z	控制点	X	Y	Z
P_1	$X_j,k-T_2$	$Y_j,k-N_1$	Z_j,k	P_6	$X_j,k+T_4$	$Y_j,k+N_2+N_3$	$Z_j,k-r$
P_2	$X_j,k-T_1$	$Y_j,k-N_1$	Z_j,k	P_7	$X_j,k+T_3$	$Y_j,k+N_2$	$Z_j,k+2r$
P_3	$X_j,k-T_2$	Y_j,k	$Z_j,k+2r$	P_8	$X_j,k+T_2$	Y_j,k	$Z_j,k+2r$
P_4	$X_j,k-T_3$	$Y_j,k+N_2$	$Z_j,k+2r$	P_9	$X_j,k+T_1$	$Y_j,k-N_1$	Z_j,k
P_5	$X_j,k-T_4$	$Y_j,k+N_2+N_3$	$Z_j,k-r$	P_{10}	$X_j,k+T/2$	$Y_j,k-N_1$	Z_j,k

　　线圈结构图既可以表达花型,也可以表达线圈的编织过程。线圈结构图依靠 WebGL 来实现。WebGL 是 JavaScript API 的一种三维图形库和安装网页专用渲染插件,可以为 HTML5 Canvas 提供 3D 加速渲染功能。通过系统显卡,使浏览器中的 3D 场景和模型展示得以实现,免去了安装开发网页专用渲染插件的麻烦。

　　three. js 是以 WebGL 为基础的库,封装了一些 3D 渲染中重要的工具、方法与渲染循环。线圈结构图的绘制主要通过 three. js 的基础图库来完成。three. js 通过 Camera 渲染场景,借助于视觉效果实现网页中三维效果的显示,如阴影、光照等。这里的 Camera 相当于人的眼睛,从坐标的视点去观察目标,将三维的场景投影到二维的屏幕,展现出立体感。根据投影的方式不同,three. js 中提供了正交投影和透视投影两种不同类型的相机。

　　(1)正交投影相机(OrthographicCamera)。如图 2-3-3 所示,为正交投影相机示意图,从图中可以看出由六个面:上平面(top),下平面(buttom)、左平面(left)、右平面(right)、远平面(far)、近平面(near)。确定一个可视区域,作为视点。在三维空间中只有处于视点内的物体才会被投影到近平面上,然后再将平面上投影出的内容映射到屏幕上的视口中。所以在开发过程中投影方式的设置十分关键。正交投影是平行投影的一种,其投影线是平行的,即物体的顶点与近平面上投影点的连线是平行的。所以其视体为长方体,当投影到近平面时图形不会出现"近大远小"的效果。其构造函数为 OrthographicCamera(left,right,top,bottom,near,far)。另外需要注意相机(right-left)/(top-bottom)的比例要与 Canvas 的比例相同,否则会出现图形被压缩的现象。

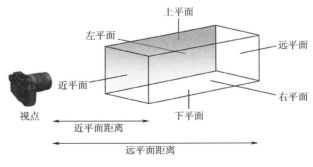

图 2-3-3　正交投影示意图

（2）透视投影相机（PerspectiveCamera）。如图 2-3-4 所示，为透视投影相机示意图。从图中可以看出视点与相机的位置，离视点距离较近的平面为近平面，视点与近平面左上、左下、右上、右下四个点的连线及远平面的交点可以确定上、下、左、右四个斜面，视点就由这四个斜面以及远近平面组成。与正交投影不同的是，透射投影的投影线是不平行的，它们相交于视点，所以透视投影的视体为锥台形区域，透射投影会使映射到远平面中的图形出现现实世界中"近大远小"的效果。

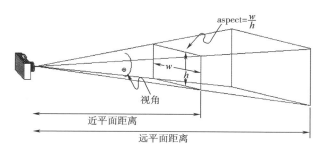

图 2-3-4 透射投影示意图

四、虚拟展示

虚拟展示模块采用 WebGL 技术进行三维人体和服装的参数化建模。运用 WebGL 技术、three. js 技术和纹理映射方法，高效便捷地把针织面料图案应用于真实场景中，取得具有高度真实感的人体与服装，展示针织面料在实际使用场景中的真实效果，实现纬编针织物高度逼真的三维虚拟展示。三维虚拟展示图如图 2-3-5 所示。

五、产品检索

通过建立全面详细的产品数据库，将设计完成的产品信息存储在云端，这样既保证了数据的安全，同时，设计者也能实时随地监控生产数据。智能检索可通过花型相关信息如产品编号、织物类型、机型、三角配置图等条件检索所需产品。

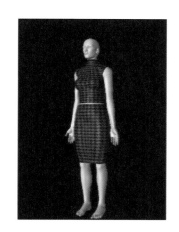

图 2-3-5 虚拟展示图

互联网纬编针织物 CAD 系统采用直接与 SQL Server 数据库相连的方法，从数据库中调取产品信息。SQL Server 数据库具有很多优点，其数据存储快捷、管理方便、兼容性高。SQL Server 数据库可以保存丰富多样的数据资源，被形象地比喻为数据的仓库。它所保存的内容不仅仅是单纯的数字，还包括其它形式的数据信息，如文字、图形、图像等。对于计算机来说，这些都是对保存对象进行具体描述的纪录。通过 SQL Server 数据库可以实现以下功能。

1. 数据信息的存储与统计

将设计好的产品数据存入数据库后，SQL Server 数据库会根据存入的形式，将产品数据信息进行分类整理,归纳统计,并予以汇总。这种合理的数据处理方式大大提高了数据库的工作效率。

2. 数据信息的添加、修改和删除

运用此功能以及互联网技术将纬编产品数据库网络化,在 Internet 上实现纬编工艺数据库数据的添加、编辑、删除、修改等功能。

3. 数据信息的浏览和查询

SQL Server 数据库还具有对历史信息、历史数据、实时信息的浏览查询功能。根据登录的用户名来控制权限,浏览一定范围内的产品数据。运用数据库的查询功能,为纬编产品数据库设置关键字检索,可根据产品编号,企业编号,机型,日期等进行检索。

经试验证明,该系统使用便捷,操作方便,数据更新迅速,打破了空间限制,扩大了纬编 CAD 系统的使用范围,有利于新产品的开发及传播,为纬编 CAD 技术向互联网的挺进提供了参考价值。

六、数据输出

互联网纬编 CAD 系统根据导出双面提花以及四色调线移圈罗纹机上机文件 ∗.WAC,无缝内衣上机文件 ∗.JPX,∗.ACX。

第三章　互联网纬编 CAD 系统功能与应用

第一节　互联网纬编 CAD 系统功能

一、系统界面

登录网页,输入用户名和密码,进入花型设计界面,如图 3-1-1 所示。

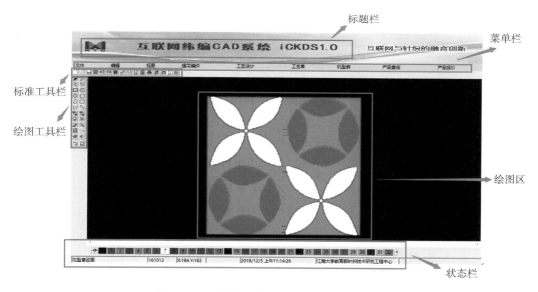

图 3-1-1　纬编互联网针织 CAD 系统界面

主窗口主要包括标题栏、主菜单、工具栏、标尺栏、绘图区、编织动作、颜色板等,简洁直观、操作方便。

（1）标题栏:显示软件的名称及其版本号。

（2）主菜单:包括文件、编辑、视图、提花编织、工艺设计、工艺单、机型表、产品查询、产品报价。在软件的使用过程中,选择相应的菜单命令来执行指定的功能,每个菜单的特定功能按一定的顺序排列,方便用户调用。

图 3-1-2 显示的是主菜单,每个主菜单下有相应的子菜单。正常菜单项的背景颜色为灰

色,当光标移动至某一菜单项时,该菜单项的背景颜色会变成黄色;若某菜单项包含子菜单,当光标移动至该菜单项时会在下方显示子菜单。

| 文件 | 编辑 | 视图 | 提花编织 | 工艺设计 | 工艺单 | 机型表 | 产品查询 | 产品报价 |

图 3-1-2　纬编互联网针织 CAD 系统主菜单界面

一般情况下,菜单项文字是黑色的。若某菜单项文字变灰,则表示该菜单项在当前状态下禁止使用。选中菜单项的方法为将光标箭头移至该菜单项上,按下鼠标左键,即可执行该项功能。

(3)工具栏:包括常用功能按钮,可分为位于绘图区上方的"标准工具条""绘图工具栏"以及在不同视图状态下显示的"编织动作"和"颜色板"。点击工具栏上的按钮可快速实现相应的功能。

(4)绘图区:纬编 CAD 软件系统的主要工作区,是用户进行花型设计及花型显示的区域。

(5)状态栏:位于界面的最下方,用来显示当前操作的视图状态、产品编号、坐标位置、用户名称等信息。

菜单部分拥有纬编工艺数据输入、查询、储存等功能,具体功能如下。

1. 文件菜单

文件菜单如图 3-1-3 所示,包含有新建、保存到数据库、另存一条记录、导入花型图、导出文件、实物图上传、打印工艺单。

图 3-1-3　文件菜单

(1)新建:建立一个新的花型,点击新建,弹出新建花型对话框,如图 3-1-4 所示,可选择织物类型、机型、机号,并输入花宽、花高。产品编号由系统自动生成,不宜修改。根据产品织物类型选择机型,若织物类型选择纬编多针道织物,则可选择机型 RS-D/4(单面机)、RS-S/4(双面机);若织物类型选择纬编提花织物,可选择机型 Relanit1.6ER(单面提花)、TDC 1.8F、RSL(双面提花);若织物类型选择纬编添纱织物,可选择机型 TNT12F、SM8-TOP2 MP2;若织物类型选择纬编移圈织物,可选择机型 RSDT-YQ。选择机号、输入所设计产品的花宽、花高,花宽一般为总针数的约数。

(2)保存到数据库:把设计完成的产品导入云端的产品数据库。

(3)另存一条记录:将当前花型文件保存到电脑里另外的位置。

(4)导入花型图:导入一个 *.bmp、*.gif、*.png、*.jpg 文件直接生成花型图。

(5)导入花型文件:导入一个 *.ckp 花型设计文件,添加到产品数据库。

(6)导出文件:可导出 *.wac、*.jpx、*.acx、*.dac、*.rpp、*.wkc 上机文件,适用于不同的机型。

（7）实物图上传：上传织物实物图。

（8）打印工艺单：打印设计完成的工艺单。

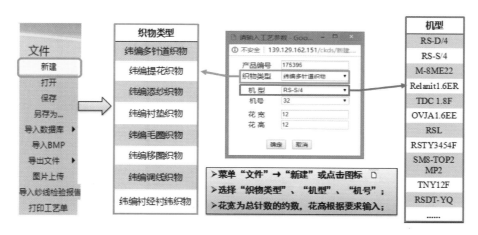

图 3-1-4　新建文件

2. 编辑菜单

编辑菜单可对花型进行编辑，主要包括原料编辑、穿纱编辑、彩条编辑、动作编辑功能，如图 3-1-5 所示。

（1）新建编辑：可在初始新建花型后，增加或减小花型循环。

（2）原料编辑：单击原料编辑菜单，弹出如图 3-1-6 所示的对话框，包含的原料信息有原料代号、细度、单位（D/S/dtex/Nm）、F 数、原料规格、延伸率（%）、原料比（%）、颜色（与"颜色板"工具栏中的颜色对应）等参数。原料信息可根据实际情况填写或修改，若产品中含有两种

图 3-1-5　编辑菜单

及以上的原料，点击"添加"按钮可增加原料种类，在表格中选中需要删除的原料，点击"删除"按钮即可。若"穿纱编辑"已设置，点击"计算原料比"后系统会根据各原料在穿纱循环中所填写的纱长自动计算其在面料中的占比。

图 3-1-6　原料编辑菜单界面

（3）穿纱编辑：如图 3-1-7 所示，用于编辑产品的穿纱信息和送纱（纱长）。在左下角的文本框中输入最小穿纱和送纱循环的数值，点击"设置穿纱循环"按钮，则整个路数都会以最小的循环排列，如第一路穿 A 纱和第二路穿 B 纱，在左下角的文本框中输入"2"，再点击"设置穿纱

循环"按钮,则整个路数上都会以 AB 循环。

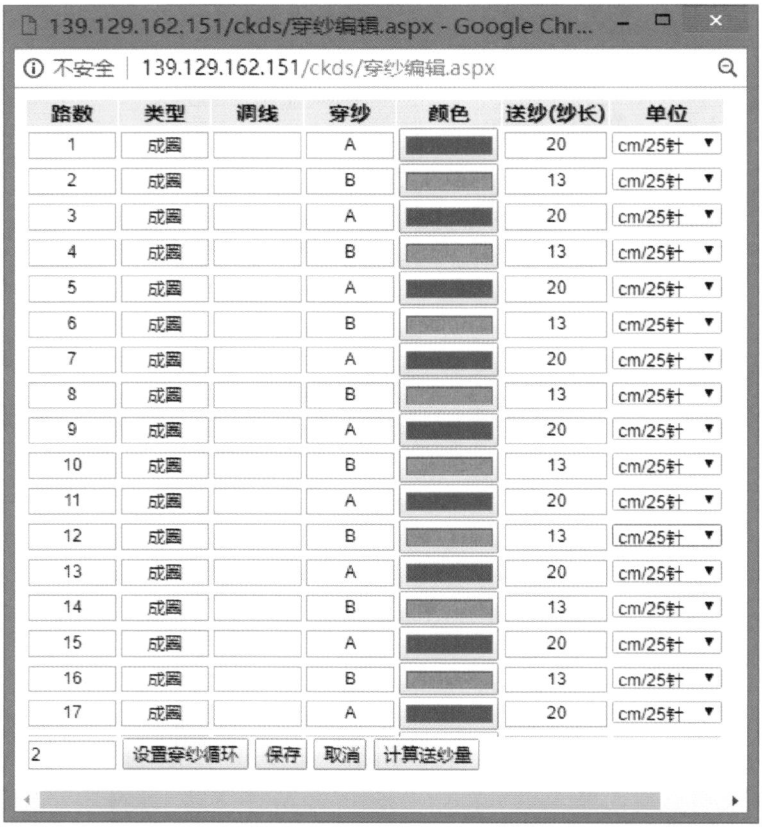

图 3-1-7　穿纱编辑菜单界面

(4)动作编辑:如图 3-1-8 所示,可设置无缝内衣编织的动作信息,对动作类型、动作名称和动作值进行设计,若要做浮线添纱组织,还需将每一路的闸刀打开,动作精确到"步、圈、针"。

图 3-1-8　动作编辑菜单界面

3. 视图

视图包括的功能见表 3-1-1,图 3-1-9 所示为互联网纬编 CAD 软件系统的视图菜单界面图。

表 3-1-1　视图功能汇总表

功能	作用	功能	作用
花型意匠图	跳转到花型的花型意匠图	三维仿真图	跳转到织物的三维仿真图
工艺编织图	跳转到花型的编织工艺图	查看实物图	跳转到实物图页面
三角织针排列图	跳转到花型的三角织针配置图	虚拟展示图	跳转到花型在人体服装模型上展示的页面
织物仿真图	跳转到织物的二维仿真图		

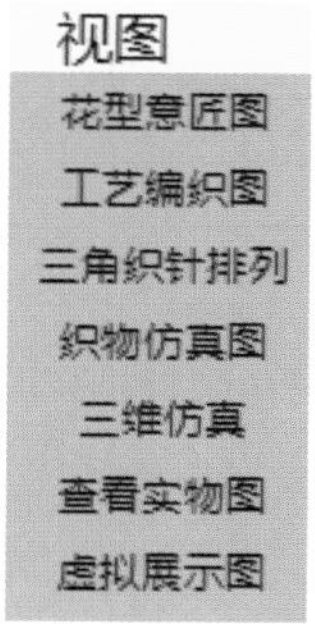

视图

花型意匠图
工艺编织图
三角织针排列
织物仿真图
三维仿真
查看实物图
虚拟展示图

图 3-1-9　视图菜单界面图

（1）花型意匠图。花型意匠图表示产品每一花型行的信息，主要用于图案设计和提花编织，是花型图形输入的窗口。花型行是形成织物一定结构或花型的横向基本单元，即实际织物的一个横列。新建时，织物类型选择"纬编提花织物""纬编提花移圈织物""纬编调线织物"以及打开一个已设计的花型，会自动根据花宽、花高显示在花型意匠图上，如图 3-1-10 所示。在花型意匠图中能使用绘图工具栏的相应工具对颜色和花型进行编辑。在"提花编织"菜单中选择不同的反面提花形式，能达到不同的提花效果。

（2）工艺编织图。工艺编织图显示花型每一工艺行的信息，用于花型工艺设计。圆纬编产品中工艺行表示每一成圈系统完成的编织动作（包括成圈、集圈、浮线）。在系统中的工艺编织图如图 3-1-11 所示，每一工艺行分为上下两部分，下面部分表示针筒，上面部分表示针盘，工艺图中每一点对应一根针。

图 3-1-10　花型意匠图

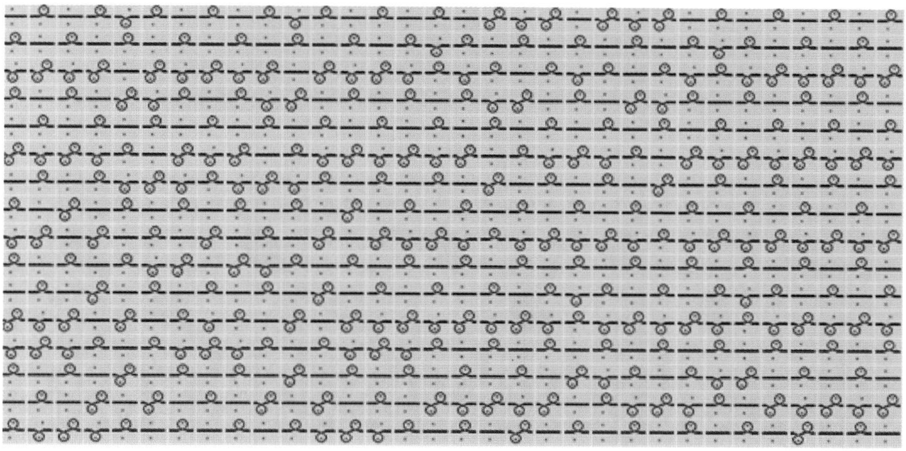

图 3-1-11　工艺编织图

（3）三角织针排列图。所选机型为多针道圆机时，根据需要选择针盘或针筒的织针排列形式，系统根据花型及织针排列计算得到三角配置，也可不选择系统提供的排针方式，系统根据花型自动计算得到织针排列和三角配置。工艺编织图与三角织针排列图可相互转化。图 3-1-12 所示为三角织针排列图。

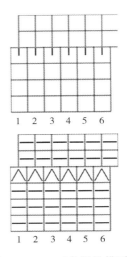

图 3-1-12　三角织针排列图

（4）织物仿真图。如图 3-1-13 所示，通过对纱线结构、颜色、毛羽的设计与模拟，实现针织物真实感仿真。效果真实，可以有效提高生产效率，缩短生产周期，节约开发成本。

（5）三维仿真图。三维仿真图是一个显示线圈形态结构和串套关系的窗口，以三维立体的方式将各线圈间的结构显示出来，可全方位观察串套关系，图 3-1-14（a）（b）（c）分别是平针组织、集圈组织、提花组织的三维仿真图。

（6）查看实物图。查看导入织物的实物图片，如图 3-1-15 所示。

（7）虚拟展示图。查看织物穿在人体上的效果，可在工艺设计页面进行人体与服装模型选择，包括旗袍、连衣裙、卫衣、泳衣、男装、童装等。图 3-1-16 所示为旗袍的虚拟展示图。

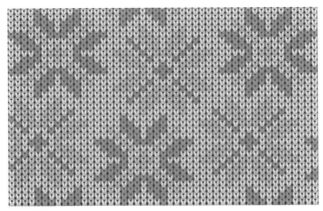

(a)花型织物仿真图

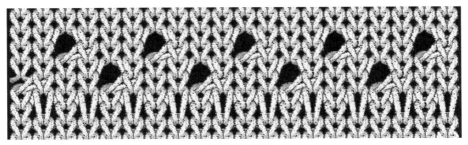

(b)纱线结构仿真图

图 3-1-13　织物仿真图

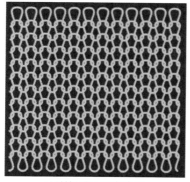

(a)平针组织三维仿真图

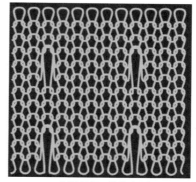

(b)集圈组织三维仿真图

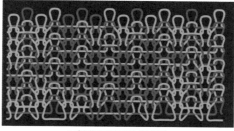

(c)提花组织三维仿真图

图 3-1-14　线圈结构三维仿真图

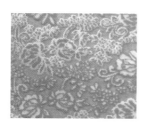

图 3-1-15　实物图　　　　　图 3-1-16　虚拟展示图

4. 提花编织

提花编织功能见表 3-1-2,提花编织界面如图 3-1-17 所示。

表 3-1-2 提花编织功能汇总表

功能	作用	功能	作用
竖条	设置提花织物反面效果为竖条	组织填充	设置颜色区域所填充的组织结构
横条	设置提花织物反面效果为横条	WAC 分解	将花型意匠图分解为机器读取的编织信息
芝麻点	设置提花织物反面效果为芝麻点	单面提花	设置提花织物为单面提花
两色加色芝麻点	设置提花织物反面效果为两色加色芝麻点	两面提花	将花型意匠图设置为两面提花织物
空气层	设置提花织物组织为空气层提花	单面调线织物	设置提花织物为单面调线提花
两色单胖	设置提花织物为两色单胖提花	满地提花毛圈	设置提花织物为满地提花毛圈
三色单胖	设置提花织物为三色单胖提花	非满地提花毛圈	设置提花织物为非满地提花毛圈
两色双胖	设置提花织物为两色双胖提花	两色结构不均匀提花	设置提花织物为两色结构不均匀提花

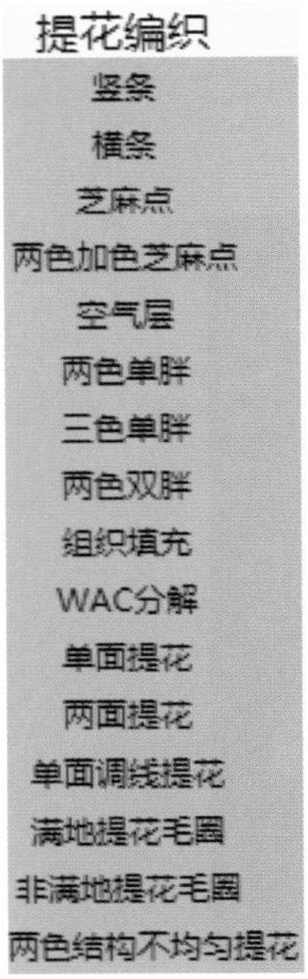

图 3-1-17 提花编织界面

5. 工艺设计

点击菜单栏中的"工艺设计",跳转到工艺设计页面,输入产品参数,其中带"＊"的为必须输入的参数,如图 3-1-18 所示。

系统根据不同的机型需要输入不同的工艺参数,其中机型、机号、总针数、针床配置、针道数、筒径、路数等参数由所选机型自动生成;产品编号由系统自动生成,不宜修改;花宽、花高在新建时根据所设计的花型输入;企业编号、面料编号、产品名称等信息根据实际产品输入;用户输入原料、穿纱、送纱、匹重,双击落布圈数文本框系统将自动计算落布圈数,输入横密、总针数、纵密、原料规格,双击克重文本框系统将自动计算出克重,用户输入总针数及横密,双击门幅文本框系统将自动计算门幅,输入原料、穿纱、送纱、路数、机速,双击产量文本框系统将自动计算产量;显示宽度、显示高度为三维仿真时用于显示观察的花型宽度和高度,可自行修改保存;模型为用于三维虚拟展示的人体与服装模型,包括旗袍、连衣裙、卫衣、泳衣、男装、童装等。

6. 工艺单

点击菜单"工艺单"按钮,可自动根据"工艺设计"中输入的参数生成工艺单,织物类型为纬编多针道织物、纬编衬垫织物、纬编添纱织物等可在工艺单中显示工艺编织图和三角配置图,织物类型为纬编提花织物、纬编提花移圈织物、纬编调线织物等可在工艺单中显示花型意匠图和上针盘的三角配置图,工艺单可打印或导出下发至生产车间,用于快速执行生产,工艺单界面见图 3-1-19。

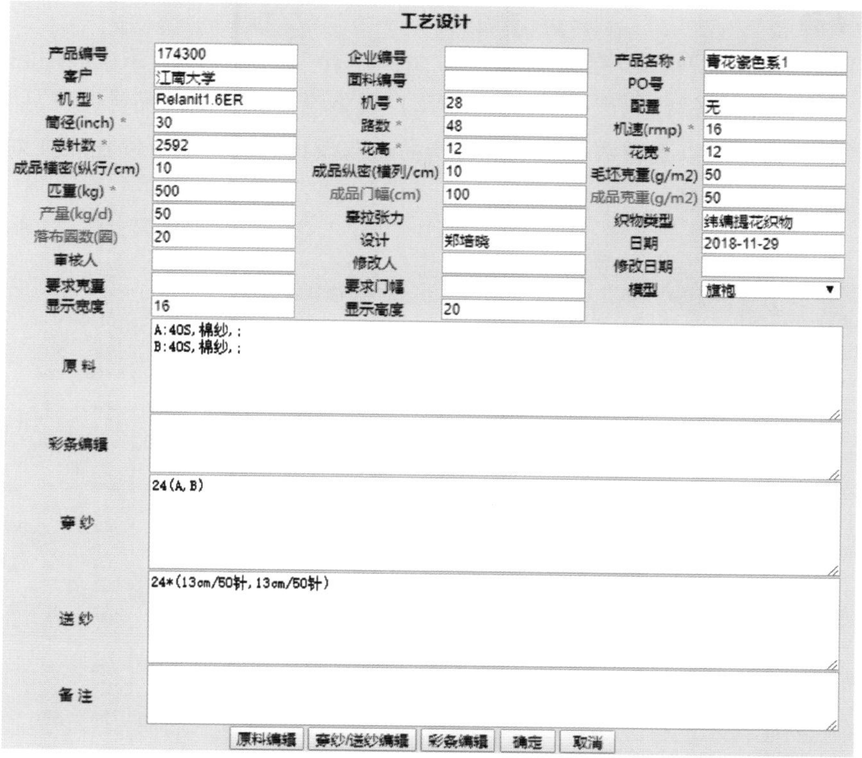

工艺设计

产品编号	174300	企业编号		产品名称 *	青花瓷色系1	
客户	江南大学	面料编号		PO号		
机型 *	Relanit1.6ER	机号 *	28	配置	无	
简径(inch) *	30	路数 *	48	机速(rmp) *	16	
总针数 *	2592	花高 *	12	花宽 *	12	
成品横密(纵行/cm) *	10	成品纵密(横列/cm) *	10	毛坯克重(g/m2) *	50	
匹重(kg) *	500	成品门幅(cm) *	100	成品克重(g/m2) *	50	
产量(kg/d)	50	牵拉张力		织物类型	纬编提花织物	
落布圈数(圈)	20	设计	郑培晓	日期	2018-11-29	
审核人		修改人		修改日期		
要求克重		要求门幅		模型	旗袍 ▼	
显示宽度	16	显示高度	20			

原料: A:40S,棉纱,；
B:40S,棉纱,；

彩条编辑:

穿纱: 24(A, B)

送纱: 24*(13cm/50针,13cm/50针)

备注:

〔原料编辑〕 〔穿纱/送纱编辑〕 〔彩条编辑〕 〔确定〕 〔取消〕

图 3-1-18 工艺设计页面

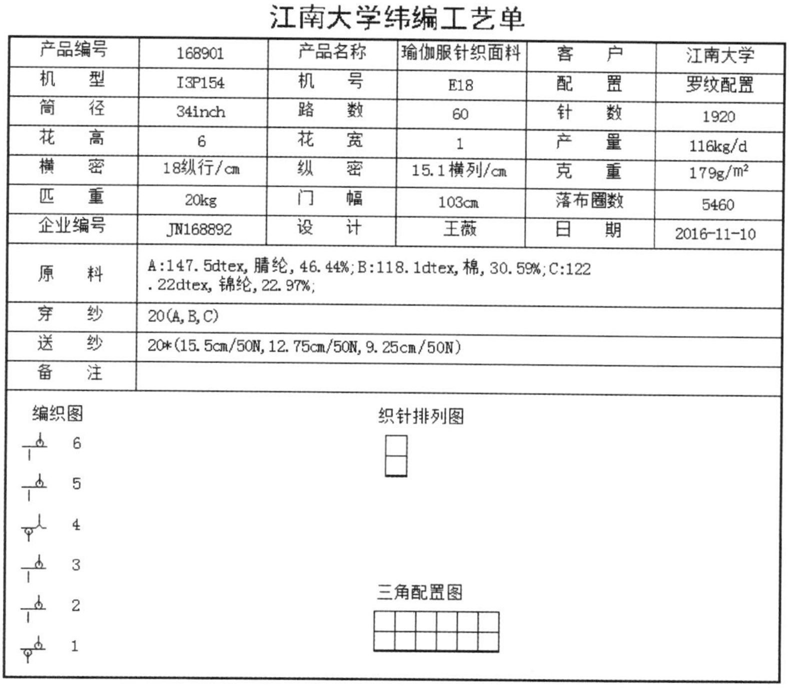

江南大学纬编工艺单

产品编号	168901	产品名称	瑜伽服针织面料	客 户	江南大学
机 型	I3P154	机 号	E18	配 置	罗纹配置
简 径	34inch	路 数	60	针 数	1920
花 高	6	花 宽	1	产 量	116kg/d
横 密	18纵行/cm	纵 密	15.1横列/cm	克 重	179g/m²
匹 重	20kg	门 幅	103cm	落布圈数	5460
企业编号	JN168892	设 计	王薇	日 期	2016-11-10
原 料	A:147.5dtex, 腈纶, 46.44%;B:118.1dtex, 棉, 30.59%;C:122.22dtex, 锦纶, 22.97%;				
穿 纱	20(A, B, C)				
送 纱	20*(15.5cm/50N, 12.75cm/50N, 9.25cm/50N)				
备 注					

编织图
6
5
4
3
2
1

织针排列图

三角配置图

图 3-1-19 工艺单界面图

7. 产品查询

点击菜单"产品查询"可跳转至产品查询页面,如图 3-1-20 所示。系统利用 SQL 技术建立产品数据库,存储海量纬编针织产品数据资源,用户可将设计完成的产品导入产品数据库,防止产品数据意外丢失,也可以查看数据库中现有产品获取设计灵感。还可以输入查询条件进行模糊查询,得到相关产品信息。

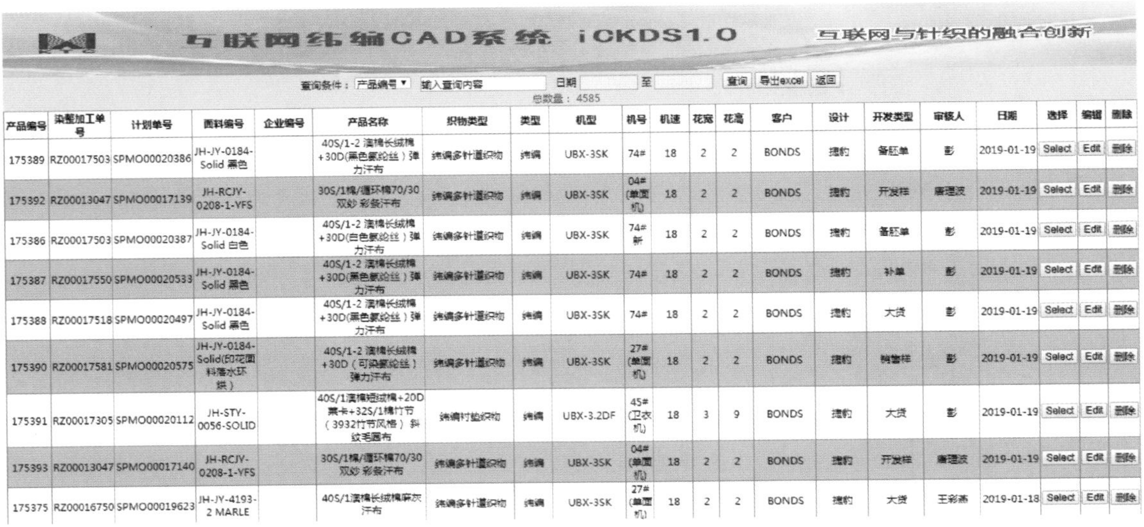

图 3-1-20　产品查询界面图

二、标准工具栏

标准工具栏的详细图标介绍见表 3-1-3,图 3-1-21 所示为标准工具栏界面图。

表 3-1-3　标准工具栏图标功能汇总

图标	功能	图标	功能
	新建花型		显示工艺编织图
	打开已存在的花型		显示织物二维仿真图
	保存花型		显示织物三维仿真图
	撤销		显示工艺单
	前进一步		导入 BMP
	显示工艺编织图		显示三维虚拟展示图
	显示花型意匠图		

图 3-1-21　标准工具栏界面图

三、移动终端界面

在纬编 CAD 的电脑终端能够进行产品的设计与查询,同时,用户也能够在移动终端进行产品信息的检索,查看产品工艺数据与相关图片。

1. 产品查询

在纬编 CAD 移动版登录页面输入用户名与密码,进入如图 3-1-22 所示的产品查询界面。输入产品编号或产品名称,选中产品,即可查询产品数据。

2. 经编工艺单

选择产品,进入如图 3-1-23 所示的产品工艺单界面。从工艺单里可以查询到产品编号、产品名称、花宽、花高、横密、纵密等信息。

产品编号	产品名称	机型	模型	花宽	花高	日期
175519	42S/1 澳棉长绒棉(色纱)+20D 3*3 满衬氨纶彩条罗纹	UTX-1.8RB	44#(罗纹机)	10	2	2019-02-17
175518	32S/JC+ 32S/TC65/35+21S/2JC拼线 直条毛圈布	UBX-3.2DF	49#(卫衣机)	6	6	2019-02-17
175520	40S/1 澳棉强捻/莫代尔60/40+20D 氨纶汗布	UFX-3SK.0	20#(单面开幅机)	2	2	2019-02-17
175521	30S/1 棉/循环棉70/30+40D 1*1单边全衬氨罗	UTX-1.8RB	41#(罗纹机)	4	2	2019-02-17
175515	32S/JC+ 75D/72F涤阳离子+21S/2AB竹节50/50青花瓷拼线 直条毛圈布	UBX-3.2DF	49#(卫衣机)	6	6	2019-02-17
175514	纬编多针道织物	MCPE2.4	20	旗袍	12	12	2019-02-17
175516	32S/TCR50/38/12+75D/72F涤阳离子+21S/2JC拼线 直条毛圈布	UBX-3.2DF	49#(卫衣机)	6	6	2019-02-17
175517	32S/JC+ 32S/仿棉+21S/2JC拼线 直条毛圈布	UBX-3.2DF	49#(卫衣机)	6	6	2019-02-17
175513	32S/JC+ 75D/72F涤阳离子+ 21S/2TCR50/38/12拼线 直条毛圈布	UBX-3.2DF	49#(卫衣机)	6	6	2019-02-16
175511	32S/JC+ 75D/72F涤阳离子+ 21S/2JCT60/40拼线 直条毛圈布	UBX-3.2DF	49#(卫衣机)	6	6	2019-02-16
175512	32S/JC+ 75D/72F涤阳离子+ 21S/2T/JC65/35拼线 直条毛圈布	UBX-3.2DF	49#(卫衣机)	6	6	2019-02-16
175510	40S/1JC*2+26S/1CT60/40刷毛布	UGX-3.2DF	35#(卫衣机)	3	9	2019-02-15

图 3-1-22　产品查询界面　　　　图 3-1-23　移动终端纬编工艺单

3. 意匠图

选择界面下端"意匠图"的功能按钮,出现如图 3-1-24 所示的选中产品的意匠图。

4. 二维仿真

选择界面下端"二维仿真"的功能按钮,出现如图 3-1-25 所示的选中产品的二维仿真图。用户可以对二维仿真图进行放大缩小,查看二维仿真图的细节。

图 3-1-24　移动终端意匠图　　　　　　图 3-1-25　移动终端二维仿真图

5. 三维仿真

选择界面下端"三维仿真"的功能按钮,出现如图 3-1-26 所示的选中产品的织物仿真图。织物仿真图可以进行上下、左右旋转,查看三维仿真模型的正面、反面与侧面的效果。图 3-1-26(a)为织物正面的三维仿真,(b)为织物反面的三维仿真。

6. 虚拟展示

点击"虚拟展示",出现如图 3-1-27 所示的虚拟展示模型。图中所示为穿着连衣裙的人体模型,还可以在设计界面选择旗袍、泳衣等模型进行虚拟与展示。

7. 上机文件导出

除了通过电脑终端的界面导出产品的上机文件,移动终端上也能将上机文件直接传输至机台。通过此方法,可以免去使用 U 盘传输的步骤,能够有效避免病毒损坏文件。如图 3-1-28 所示,在"文件类型"中可以选择文件的类型,有 WAC 文件、JPX 文件、ACX 文件、dac 文件、rpp 文件与 wkc 文件。选择文件后,输入机器编号,点击确定,即可把上机文件传送至指定机台,直接进行编织。

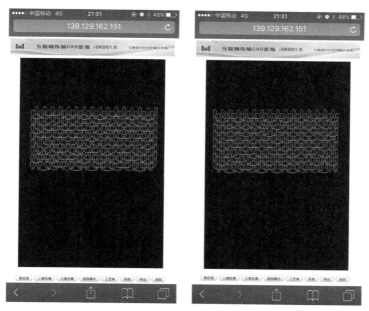

(a)织物正面仿真图   (b)织物反面仿真图

图 3-1-26   移动终端三维仿真图

图 3-1-27   移动终端虚拟展示

图 3-1-28   移动终端上机文件导出

第二节　纬编产品设计实例

一、纬编多针道产品设计

1. 新建花型

如图 3-2-1 所示,新建花型文件首先点击工具栏 🗋 或菜单栏 文件(F) 选择"新建",出现如图所示的对话框。产品编号由系统自动生成,不宜修改;织物类型选择"纬编多针道织物",可选择机型 RS-D/4(单面多针道圆机)和 RS-S/4(双面多针道圆机)。本示例选择的机型为 RS-S/4,针筒包含 4 个针道,针盘包含 2 个针道,属于三功位选针,可用于编织双面织物,花宽、花高输入 8。

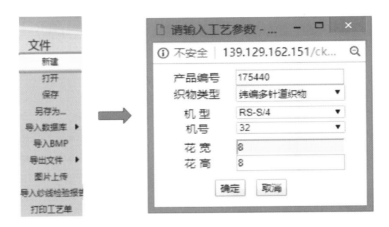

图 3-2-1　新建花型文件流程

2. 设计工艺编织图或三角织针排列图

(1)工艺编织图设计:在新建页面点击确定后,跳转至工艺编织图页面。在下方"编织工具栏"中选择需要的编织动作在工艺编织图区域进行设计,如图 3-2-2 所示。

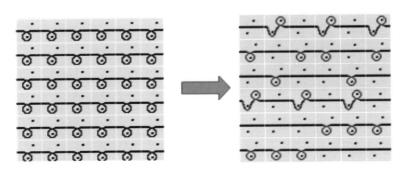

图 3-2-2　工艺编织图设计流程

（2）三角织针排列图设计:根据实际配置直接在格子上单击会依次出现"成圈""集圈""浮线",如图 3-2-3 所示。

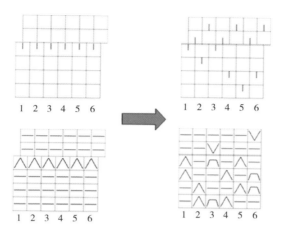

图 3-2-3　三角织针排列图设计流程

3. 生成三角织针排列图或工艺编织图

工艺编织图和三角织针排列图见图 3-2-4,两者之间可以相互转化,如果先设计工艺编织图,点击菜单"视图"中的"三角织针排列图",则可根据工艺编织图生成三角织针排列图;如果先设计的是三角配置图和织针排列图,点击菜单"视图"中的"工艺编织图",也可以生成相应的工艺编织图。

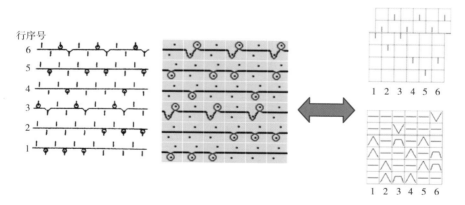

图 3-2-4　工艺编织图和三角织针排列图

4. 原料编辑

点击菜单栏编辑中的"原料编辑",弹出原料对话框,如图 3-2-5 所示。可根据原料信息输入原料细度、单位、F 数(根数)、原料规格、颜色等信息,也可从 ERP 导入原料的相关信息。若织物所用原料为 75D(旦)/36F 涤纶 DTY 和 32Nm(公支)棉纱两种,则先点击"添加"按钮增添一行原料信息输入框;根据 75D/36F 涤纶 DTY,则在第一行对话框中的细度栏输入 75,单位栏选择 D,F 数栏输入 36,原料规格输入涤纶 DTY;根据 32Nm 棉纱,在第二行对话框中的细度栏输入 32,单位栏选择 Nm,原料规格输入棉纱;若采用的原料中含有氨纶,则应填写延伸率,原料比可根据实际填写,也可以通过点击"计算原料比"按钮,根据原料穿纱计算出原料比(若没有对穿纱/送纱进行设置,会弹出提示对话框);颜色可根据实际情况选择;原料信息填写完毕后点击"确定",即可关闭对话框并保存信息。

图 3-2-5 原料编辑图

5. 穿纱编辑

点击菜单栏编辑中的"穿纱编辑",弹出穿纱编辑对话框,如图 3-2-6 所示。在最小穿纱和送纱循环内输入路数、调线、穿纱、颜色、送纱及单位信息,在在最下方文本框中输入穿纱最小循环数,点击"设置穿纱循环"按钮可自动排纱。本示例中的最小穿纱和送纱循环为 2,在左下角文本框中输入 2,则 AB 纱在总路数中交替循环排列。

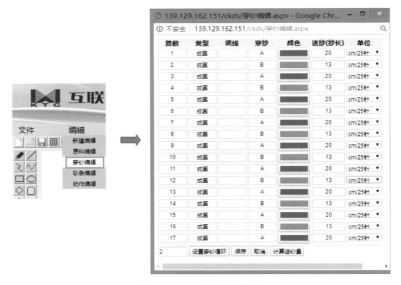

图 3-2-6 穿纱编辑图

6. 工艺参数的确定

点击菜单栏的"工艺设计",跳转至工艺设计页面,如图 3-2-7 所示。产品编号、花高、花宽、机型根据新建所输入的信息自动显示;机号、总针数、针床配置、针道数、筒径、路数根据所选机型系统默认一组数据,若实际机型参数与默认值不同可进行修改;门幅、纵密、横密、克重、匹重根据织物实际情况输入,门幅、克重、坯布圈数与产量系统计算得到;原料、穿纱、送纱等在之前原料编辑和穿纱编辑部分输入信息后可在工艺设计页面自动生成,也可点击下方按钮弹出相应对话框进行修改。

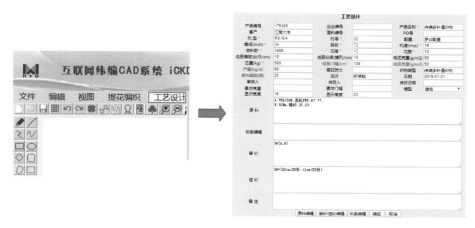

图 3-2-7 工艺设计流程

7. 输出工艺单

点击菜单栏工艺单中的"生产工艺单"或工具栏 ▦ 按钮,可查看工艺单。若需要打印工艺单,点击菜单栏文件中的"打印工艺单"即可打印,如图 3-2-8 所示。

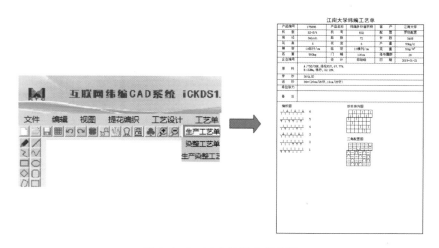

图 3-2-8 工艺单输出流程图

8. 导入数据库

产品设计完成后,点击文件中的"保存到数据库",可以把产品保存到数据库储存产品信息,以便随时查看。查询产品时,可通过花型相关信息如产品编号、织物类型、机型、三角配置图等条件,精确检索产品或模糊检索相似产品,如图 3-2-9 和图 3-2-10 所示。

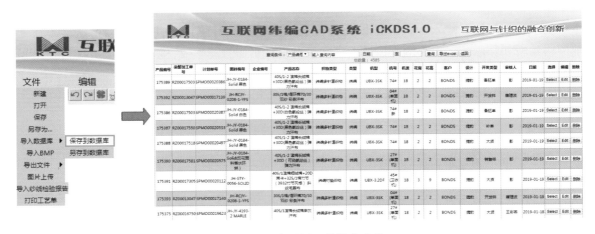

图 3-2-9　产品导入数据库流程

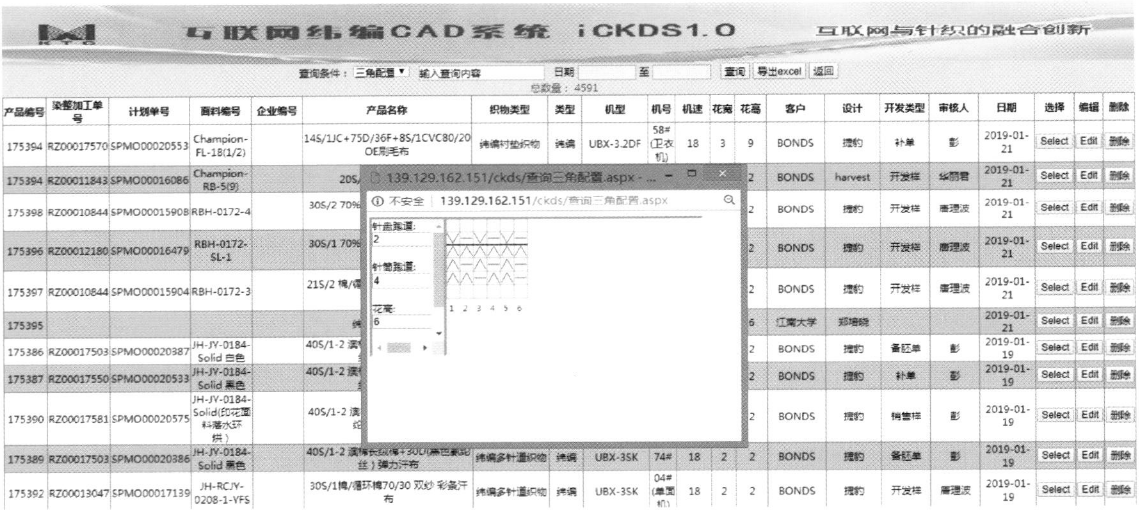

图 3-2-10　产品查询检索界面

二、纬编单面提花产品设计

1. 新建花型

点击工具栏 ▯ 或菜单栏选择文件"新建",机型选择单面提花圆机,输入需要的花宽和花高,系统根据所选机型自动选择基本组织,点击确定进入花型意匠视图。本示例选择织物类型为"纬编提花织物",机型选择 Relanit1.6ER,产品编号由系统自动生成,不宜修改,输入需要的花宽、花高确定实际绘图区域,点击确定后进入花型设计页面,机型 Relanit1.6ER 为纬编单面提花圆机,常用于织造两色或三色提花织物,如图 3-2-11 所示。

图 3-2-11 新建和绘制花型

2. 绘制花型

可在绘图区域利用工具栏的绘图工具和页面下方的颜色板对花型进行设计,新建和绘图如图 3-2-11 所示。也可以导入已画好的花型,导入图片步骤:点击 文件(F) 选择"导入花型图",弹出图片选择对话框,选择需要导入的图片,导入花型图的格式可以是 *. bmp、*. gif、*. png、*.jpg 文件。设计单面提花织物时,应注意连续的浮线不宜太长,一般不超过四到五针,在花纹较大时可以在长浮线的地方按照一定的间隔编织集圈。

3. 工艺编织图

将光标移至菜单栏"提花编织",出现子菜单后点击"单面提花",系统会根据花型意匠图自动生成工艺编织图,如图 3-2-12 所示。

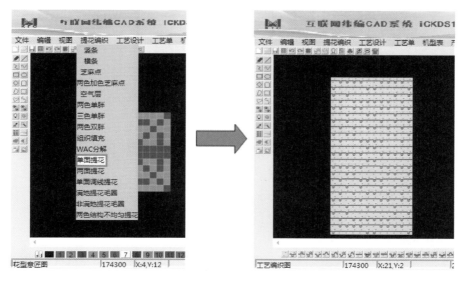

图 3-2-12 花型意匠图转工艺编织图

4. 原料编辑与穿纱编辑

（1）原料编辑：点击菜单栏编辑中的"原料编辑"，弹出原料对话框。可根据原料信息输入原料细度、单位、F 数、原料规格、颜色等信息，也可从 ERP 导入原料的相关信息，原料信息填写完毕后点击"确定"，即可关闭对话框并保存信息。

（2）穿纱编辑：点击菜单栏编辑中的"穿纱编辑"，弹出穿纱编辑对话框。在最小穿纱和送纱循环内输入路数、调线、穿纱、颜色、送纱及单位信息，在最下方文本框中输入穿纱最小循环数，点击"设置穿纱循环"按钮可自动排纱。

5. 织物仿真

实现织物仿真的方法有两种。

（1）将光标移至菜单栏"视图"，出现子菜单后点击"织物仿真图"，系统会根据花型意匠图及穿纱颜色跳转至织物仿真图，如图 3-2-13 所示。

（2）直接点击标准工具栏上的 按钮。

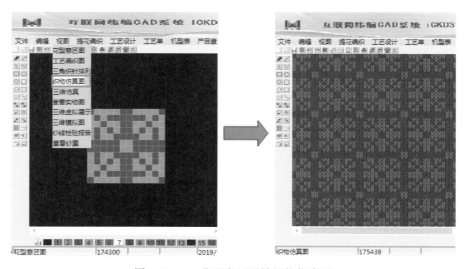

图 3-2-13　花型意匠图转织物仿真图

6. 三维仿真

实现三维仿真的方法有两种。

（1）将光标移至菜单栏"视图"，出现子菜单后点击"三维仿真"，系统会根据花型意匠图及穿纱颜色跳转至三维仿真图，如图 3-2-14 所示。

（2）直接点击标准工具栏上的 按钮。

7. 三维虚拟展示

实现三维虚拟展示的方法有两种。

（1）将光标移至菜单栏"视图"，出现子菜单后点击"三维虚拟展示"，系统会跳转至三维虚拟展示页面，若该产品有实物图，则以实物图对服装模型进行贴图，若没有实物图，则用仿真图进行贴图，如图 3-2-15 所示。

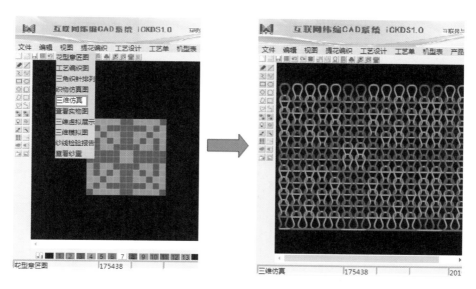

图 3-2-14 三维仿真图

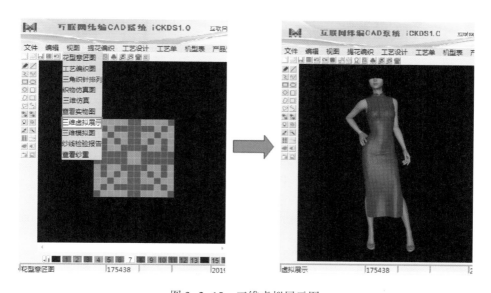

图 3-2-15 三维虚拟展示图

（2）直接点击标准工具栏上的 按钮。

8. 工艺设计和工艺单

（1）工艺设计：点击菜单栏的"工艺设计"，跳转至工艺设计页面。产品编号、花高、花宽、机型根据新建所输入的信息自动显示；机号、总针数、针床配置、针道数、筒径、路数根据所选机型系统默认一组数据，若实际机型参数与默认值不同可进行修改；门幅、纵密、横密、克重、匹重根据织物实际情况输入，门幅、克重、坯布圈数与产量系统计算得到；原料、穿纱、送纱等在之前原料编辑和穿纱编辑部分输入信息后可在工艺设计页面自动生成，也可点击下方按钮弹出相应对话框进行修改，修改模型可更换三维虚拟展示的人体与服装模型。

（2）工艺单：点击菜单栏工艺单中的"生产工艺单"或工具栏▦按钮，可查看工艺单。若需要打印工艺单，点击菜单栏文件中的"打印工艺单"即可打印。

（3）保存到数据库：点击菜单栏文件中的"导入数据库"即可将设计好的产品保存到数据库储存产品信息，以便随时查看。查询产品时，可通过花型相关信息如产品编号、织物类型、机型、三角配置图等条件精确检索产品或模糊检索相似产品，如图3-2-16所示。

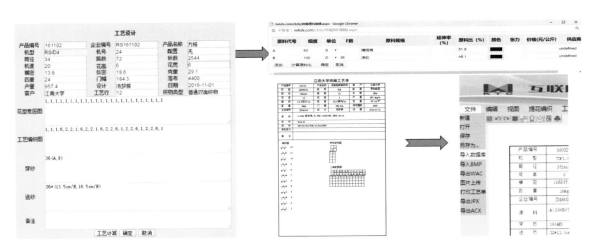

图 3-2-16 工艺设计和工艺单

9. 导出上机文件

提花编织完成之后即可导出上机文件，点击 文件(F) ，选择"导出 WAC"，可直接将上机文件保存至云端数据库和本地，方便调取。

三、纬编双面提花产品设计

1. 新建花型

点击工具栏 ▯ 或菜单栏选择文件"新建"，机型选择双面提花圆机，输入需要的花宽和花高，点击确定进入花型意匠视图。本示例选择织物类型为"纬编提花织物"，机型选择 TDC 1.8F，产品编号由系统自动生成，不宜修改，输入需要的花宽、花高均为8，确定实际绘图区域，点击确定后进入花型设计页面，机型 TDC 1.8F 为纬编双面提花圆机，可实现三功位选针，如图 3-2-17 所示。

2. 绘制花型

可在绘图区域利用工具栏的绘图工具和页面下方的颜色板对花型进行设计，新建和绘图如图 3-2-17 所示。也可以导入已画好的花型，导入图片步骤：点击 ▯ 选择"导入花型图"，弹出图片选择对话框，选择需要导入的图片，导入花型图的格式可以是 ＊.bmp、＊.gif、＊.png、＊.jpg 文件。

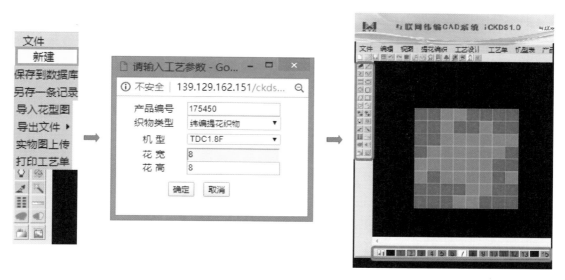

图 3-2-17　新建和绘制花型

3. 工艺编织图

光标移至"提花编织",点击"竖条""横条""芝麻点""空气层""两色单胖""三色单胖""两色双胖",可分别生成相应的工艺编织图,使织物获得不同的反面效果。图 3-2-18 所示为各提花类型编织图。

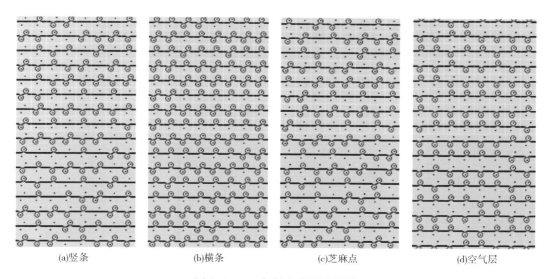

(a)竖条　　　　　　　　(b)横条　　　　　　　　(c)芝麻点　　　　　　　　(d)空气层

图 3-2-18　各提花类型编织图

4. 原料编辑与穿纱编辑

（1）原料编辑：点击菜单栏编辑中的"原料编辑",弹出原料对话框。可根据原料信息输入原料细度、单位、F 数、原料规格、颜色等信息,也可从 ERP 导入原料的相关信息,原料信息填写完毕后点击"确定",即可关闭对话框并保存信息。

（2）穿纱编辑：点击菜单栏编辑中的"穿纱编辑"，弹出穿纱编辑对话框。在最小穿纱和送纱循环内输入路数、调线、穿纱、颜色、送纱及单位信息，在最下方文本框中输入穿纱最小循环数，点击"设置穿纱循环"按钮可自动排纱。

5. 织物仿真

实现织物仿真的方法有两种。

（1）将光标移至菜单栏"视图"，出现子菜单后点击"织物仿真图"，系统会根据花型意匠图及穿纱颜色跳转至织物仿真图，如图 3-2-19 所示。

（2）直接点击标准工具栏上的 按钮。

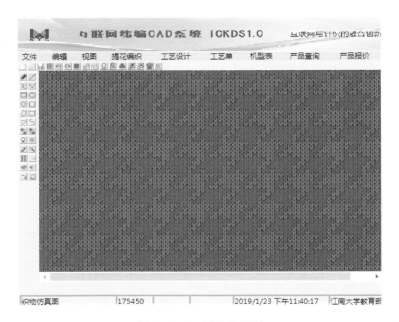

图 3-2-19　织物仿真图

6. 三维仿真

实现三维仿真的方法有两种。

（1）将光标移至菜单栏"视图"，出现子菜单后点击"三维仿真"，系统会根据花型意匠图及穿纱颜色跳转至三维仿真图，如图 3-2-20 所示。

（2）直接点击标准工具栏上的 按钮。

7. 三维虚拟展示

实现三维虚拟展示的方法有两种。

（1）将光标移至菜单栏"视图"，出现子菜单后点击"三维虚拟展示"，系统会根据花型意匠图及穿纱颜色跳转至三维虚拟展示图，如图 3-2-21 所示。

（2）直接点击标准工具栏上的 按钮。

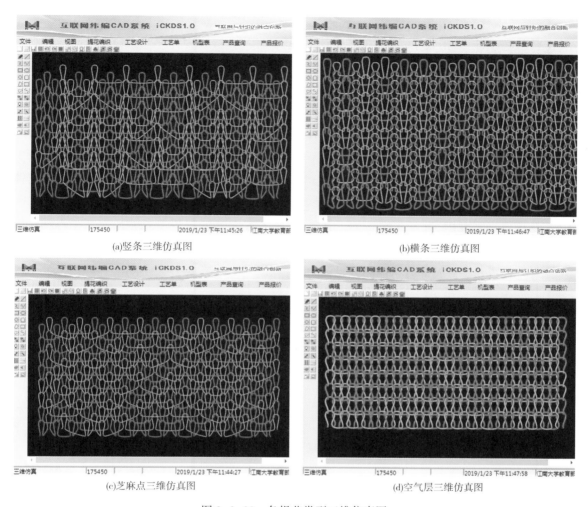

(a)竖条三维仿真图　　　　　　　　　　(b)横条三维仿真图

(c)芝麻点三维仿真图　　　　　　　　　　(d)空气层三维仿真图

图 3-2-20　各提花类型三维仿真图

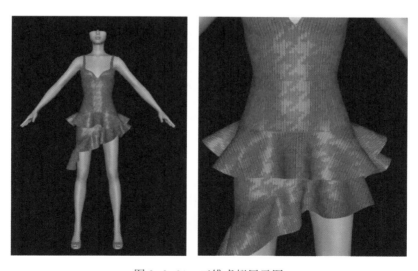

图 3-2-21　三维虚拟展示图

8. 工艺设计和工艺单

（1）工艺设计：点击菜单栏的"工艺设计"，跳转至工艺设计页面。产品编号、花高、花宽、机型根据新建所输入的信息自动显示；机号、总针数、针床配置、针道数、筒径、路数根据所选机型系统默认一组数据，若实际机型参数与默认值不同可进行修改；门幅、纵密、横密、克重、匹重根据织物实际情况输入，门幅、克重、坯布圈数与产量系统计算得到；原料、穿纱、送纱等在之前原料编辑和穿纱编辑部分输入信息后可在工艺设计页面自动生成，也可点击下方按钮弹出相应对话框进行修改，修改模型可更换三维虚拟展示的人体与服装模型。

（2）工艺单：点击菜单栏工艺单中的"生产工艺单"或工具栏 ▦ 按钮，可查看工艺单。若需要打印工艺单，点击菜单栏文件中的"打印工艺单"即可打印。

（3）保存到数据库：点击菜单栏文件中的"导入数据库"，即可将设计好的产品保存到数据库储存产品信息，以便随时查看。查询产品时，可通过花型相关信息如产品编号、织物类型、机型、三角配置图等条件精确检索产品或模糊检索相似产品，如图 3-2-22 所示。

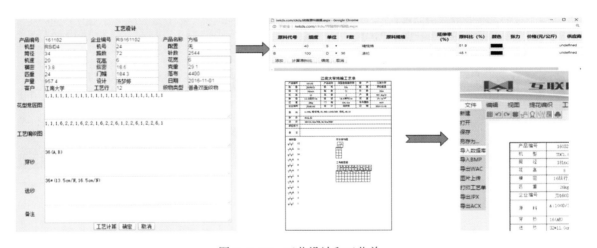

图 3-2-22　工艺设计和工艺单

9. 导出上机文件

提花编织完成之后，即可导出上机文件，点击 文件(F) ，选择"导出 WAC"，可直接将上机文件保存至云端数据库和本地，方便调取。

四、纬编双面提花移圈产品设计

1. 新建花型

点击工具栏 ▯ 或菜单栏选择文件"新建"，机型选择双面提花移圈圆机，输入需要的花宽和花高，点击确定进入花型意匠视图。本示例选择机型"RSDT-YQ"，产品编号由系统自动生成，不宜修改，输入需要的花宽、花高，点击确定后进入花型设计页面，机型 RSDT-YQ 为纬编双面提花移圈大圆机。

2. 绘制花型

利用工具栏中的工具设计所需要的花型或导入已画好的花型,导入图片步骤:点击 文件(F) 选择"导入花型图",出现如图 3-2-23(a)所示的对话框,选择需要导入的图片,导入图片的格式可以为 *.bmp、*.png、*.jpg、*.gif 四种格式的图片。点击"选择文件",找到图案需要放置的位置,点击鼠标左键,图案出现在花型上,如图 3-2-23(b)所示,点击"打开",跳转"bmp 颜色设定"页面,在这个页面可以进行减色处理,如图 3-2-23(c)所示,在右侧上方文本框输入颜色数,点击"减少颜色按钮",则可以把原图减少为相对应的颜色数并显示在右侧绘图区域内,再点击"确定",即可进入系统花型意匠图页面,如图 3-2-23(d)所示。

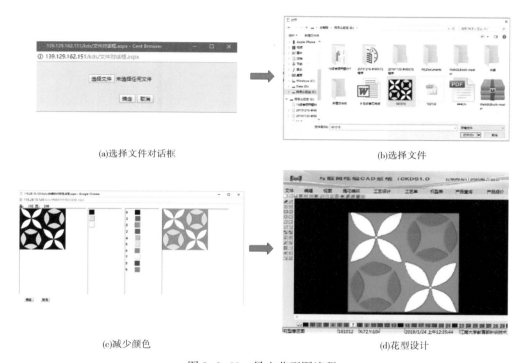

(a)选择文件对话框   (b)选择文件

(c)减少颜色   (d)花型设计

图 3-2-23 导入花型图流程

3. 原料编辑

点击菜单栏编辑/原料编辑,弹出原料对话框。织物所用原料为 75D 涤纶 DTY 和 20D 单丝,75D 涤纶 DTY 则在对话框中细度栏输入 75,单位栏输入 D,原料规格输入涤纶 DTY。点击计算原料比,系统将计算出原料比(若没有对穿纱/送纱进行设置,会弹出提示对话框),如图 3-2-24 所示。

4. 穿纱编辑

点击菜单栏编辑/穿纱编辑,弹出穿纱编辑对话框,如图 3-2-25 所示。

5. 花型分解

光标移至菜单栏提花编织,点击"WAC 分解",弹出 WAC 分解对话框,如图 3-2-26 所示。图(a)中 1、2 路处的文本框输入执行成圈编织的色号,3 路处的文本框输入执行移圈编织的色号,机器针数输出"1920"。

图 3-2-24　原料编辑流程图

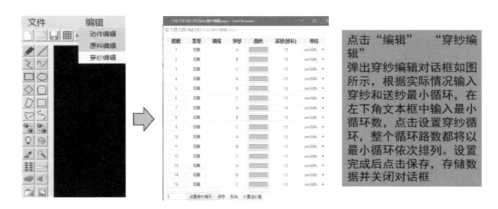

图 3-2-25　穿纱编辑流程图

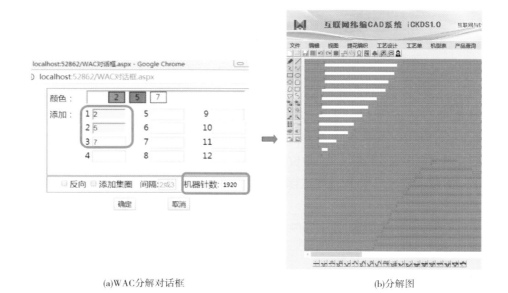

(a)WAC分解对话框　　　　　　　　　　　　　　(b)分解图

图 3-2-26　花型分解流程图

6. 织物仿真

点击工具栏 按钮或菜单栏视图中的"织物仿真",可查看织物的二维仿真图。

7. 虚拟展示

点击工具栏 按钮或菜单栏视图中的"三维虚拟展示",可查看织物在人体与服装模型上的效果,人体与服装模型可在工艺设计页面进行选择,模型默认为旗袍。

8. 参数设置

参数设置流程图如图 3-2-27 所示。

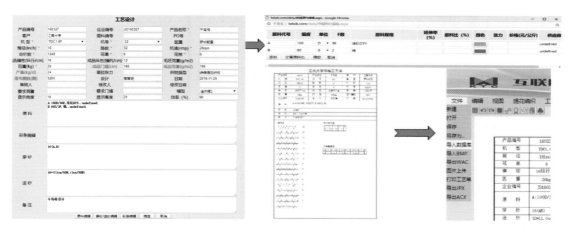

图 3-2-27 参数设置流程图

9. 生成工艺单

工艺单输出流程图如图 3-2-28 所示。

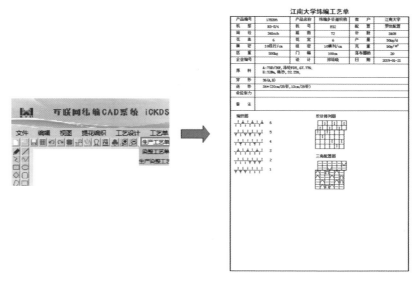

图 3-2-28 工艺单输出流程图

10. 导出上机文件

提花编织完成之后即可导出上机文件,点击"文件",选择"导出 WAC",出现如图 3-2-29 所示的对话框。选择 WAC 文件,给花型命名,点击保存即可以生成 .wac 文件,可直接上机编织。

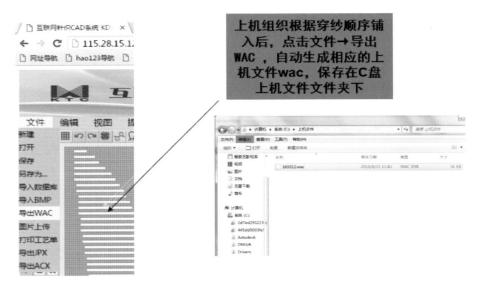

图 3-2-29　导出上机文件流程图

11. 导入数据库

产品设计完成后,点 导入数据库 ▶可以把产品保存到数据库储存产品信息,以便随时查看。查询产品时,可通过花型相关信息如产品编号、织物类型、机型、三角配置图等条件精确检索产品或模糊检索相似产品,如图 3-2-30 所示。

图 3-2-30　导入数据库

五、纬编衬垫产品设计

1. 新建花型

新建花型文件首先点击工具栏 ☐ 或菜单栏 <u>文件(F)</u>,选择"新建",出现如图 3-2-31 所示的对话框。产品编号由系统自动生成,不宜修改;织物类型选择"纬编衬垫织物"。本示例选择的机型为 RS-D/4 单面多针道圆机,针筒包含 4 个针道,针盘包含 2 个针道,属于三功位选针。

图 3-2-31 新建花型文件流程

2. 设计工艺编织图或三角织针排列图

(1)工艺编织图设计:在新建页面点击确定后,跳转至工艺编织图页面。在设计页面下方"编织工具栏"中选择 01(前针床成圈)、09(浮线)、14(衬垫)三种编织动作对原始工艺编织图进行修改。工艺编织图路数从下到上逐渐增加,第一路绘制面纱全部成圈,第二路绘制地纱全成圈,第三路绘制衬垫纱,如图 3-2-32 所示,衬垫比为 1:2。

(2)三角织针排列图设计:根据实际配置直接在格子上单击,会依次出现"成圈""集圈""浮线"。工艺编织图和三角织针排列图之间可以相互转化,如图 3-2-33 所示。

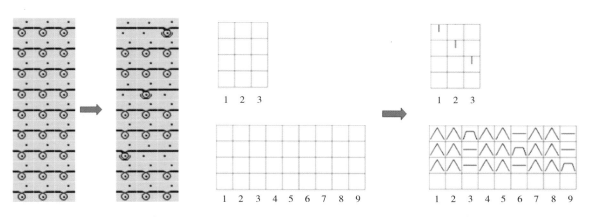

图 3-2-32 工艺编织图设计流程   图 3-2-33 三角织针排列图设计流程

3. 原料编辑与穿纱编辑

（1）原料编辑：点击菜单栏编辑中的“原料编辑”，弹出原料对话框，如图 3-2-34 所示。可根据原料信息输入原料细度、单位、F 数、原料规格、颜色等信息，也可从 ERP 导入原料的相关信息，原料信息填写完毕后点击“确定”，即可关闭对话框并保存信息。

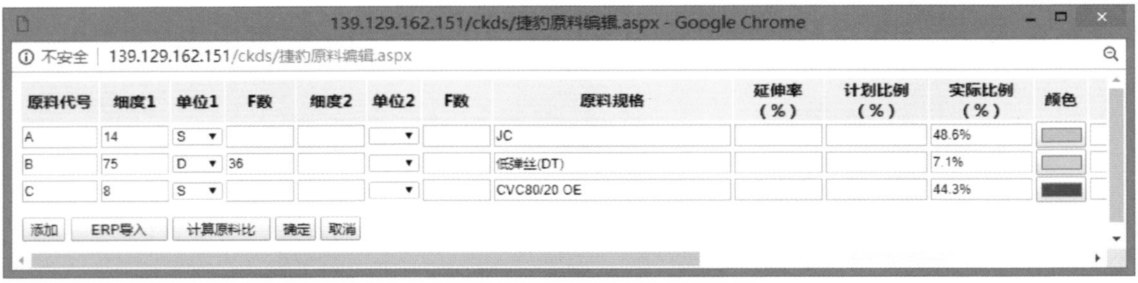

原料代号	细度1	单位1	F数	细度2	单位2	F数	原料规格	延伸率（%）	计划比例（%）	实际比例（%）	颜色
A	14	S					JC			48.6%	
B	75	D	36				低弹丝(DT)			7.1%	
C	8	S					CVC80/20 OE			44.3%	

图 3-2-34　原料编辑图

（2）穿纱编辑：点击菜单栏编辑中的“穿纱编辑”，弹出穿纱编辑对话框，如图 3-2-35 所示。在最小穿纱和送纱循环内输入路数、调线、穿纱、颜色、送纱及单位信息，在最下方文本框中输入穿纱最小循环数，点击“设置穿纱循环”按钮可自动排纱。

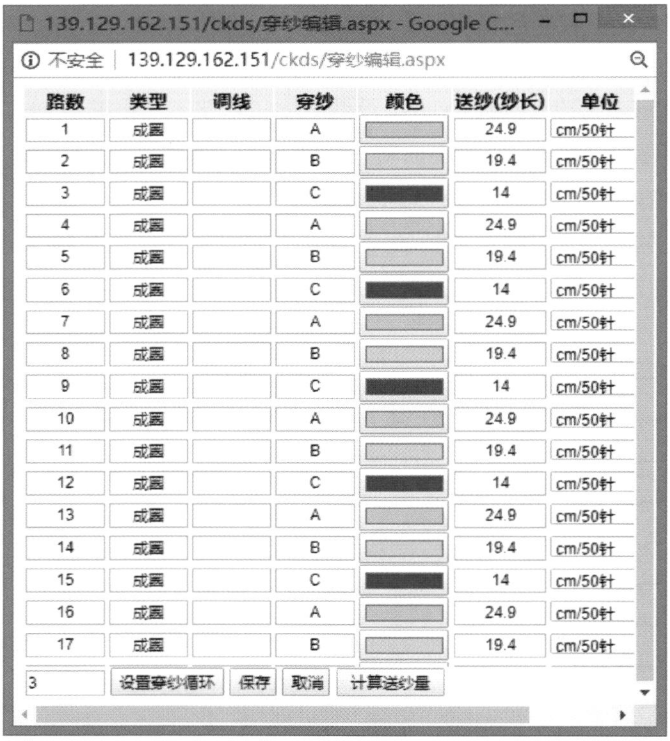

路数	类型	调线	穿纱	颜色	送纱(纱长)	单位
1	成圈		A		24.9	cm/50针
2	成圈		B		19.4	cm/50针
3	成圈		C		14	cm/50针
4	成圈		A		24.9	cm/50针
5	成圈		B		19.4	cm/50针
6	成圈		C		14	cm/50针
7	成圈		A		24.9	cm/50针
8	成圈		B		19.4	cm/50针
9	成圈		C		14	cm/50针
10	成圈		A		24.9	cm/50针
11	成圈		B		19.4	cm/50针
12	成圈		C		14	cm/50针
13	成圈		A		24.9	cm/50针
14	成圈		B		19.4	cm/50针
15	成圈		C		14	cm/50针
16	成圈		A		24.9	cm/50针
17	成圈		B		19.4	cm/50针

图 3-2-35　穿纱编辑图

4. 工艺设计与工艺单

（1）工艺设计：点击菜单栏的"工艺设计"，跳转至工艺设计页面，如图 3-2-36 所示。产品编号、花高、花宽、机型根据新建所输入的信息自动显示；机号、总针数、针床配置、针道数、筒径、路数根据所选机型系统默认一组数据，若实际机型参数与默认值不同可进行修改；门幅、纵密、横密、克重、匹重根据织物实际情况输入，门幅、克重、坯布圈数与产量系统计算得到；原料、穿纱、送纱等在之前原料编辑和穿纱编辑部分输入信息后可在工艺设计页面自动生成，也可点击下方按钮弹出相应对话框进行修改。

（2）工艺单：点击菜单栏工艺单中的"生产工艺单"或工具栏 囲 按钮，可查看工艺单。若需要打印工艺单，点击菜单栏文件中的"打印工艺单"即可打印，如图 3-2-37 所示。

5. 三维仿真

实现三维仿真的方法有两种。

（1）将光标移至菜单栏"视图"，出现子菜单后点击"三维仿真"，系统会根据花型意匠图及穿纱颜色跳转至三维仿真图，如图 3-2-38 所示。

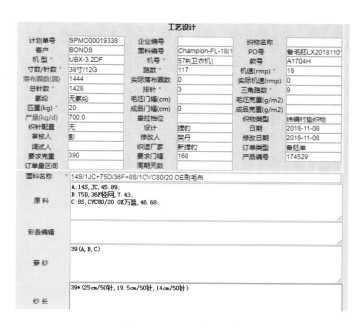

图 3-2-36　工艺设计

江南大学纬编工艺单

产品编号	175396	产品名称	纬编多针道织物	客户		江南大学
机型	RS-S/4	机号	E32	配置		罗纹配置
筒径	34inch	路数	72	针数		3408
花高	6	花宽	6	产量		50kg/d
横密	10纵行/cm	纵密	10横列/cm	克重		50g/m²
匹重	500kg	门幅	100cm	落布圈数		20
企业编号		设计	郑培晓	日期		2019-01-21
原料		A:75D/36F，涤纶FDY，67.77%； B:32Nm，棉纱，32.23%；				
穿纱		36(A, B)				
送纱		36*(20cm/25针，13cm/25针)				
牵拉张力						
备注						

编织图　织针排列图

三角配置图

图 3-2-37　工艺单

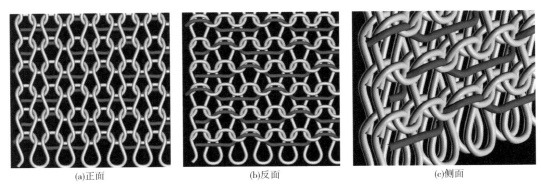

(a)正面   (b)反面   (c)侧面

图 3-2-38　三维仿真图

（2）直接点击标准工具栏上的 🔲 按钮。

6. 导入数据库

产品设计完成后,点击文件中的 导入数据库　▶ 可以把产品保存到数据库储存产品信息,以便随时查看。查询产品时,可通过花型相关信息如产品编号、织物类型、机型、三角配置图等条件精确检索产品或模糊检索相似产品。

六、纬编添纱产品设计

1. 新建花型

新建花型文件首先点击工具栏 🗋 或菜单栏 文件(F) 选择"新建",出现如图 3-2-39 所示的对话框。产品编号由系统自动生成,不宜修改;织物类型选择"纬编添纱织物",可选择机型 TNT12F、SM8-TOP2 MP2。本示例选择的机型为 TNT12F,属于二功位选针,控制闸刀进出可实现是否编织集圈。

图 3-2-39　新建花型文件流程

2. 设计工艺编织图或三角织针排列图

（1）工艺编织图设计:在新建页面点击确定后,跳转至工艺编织图页面。在设计页面下方"编织工具栏"中选择 10(面纱地纱均成圈)、11(地纱成圈面纱浮线)、12(面纱地纱均浮线)、13

（面纱地纱均集圈）四种编织动作对原始工艺编织图进行修改,如图 3-2-40 所示。

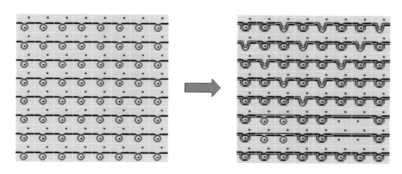

图 3-2-40　工艺编织图设计流程

3. 原料编辑与穿纱编辑

（1）原料编辑:点击菜单栏编辑中的"原料编辑",弹出原料对话框。可根据原料信息输入原料细度、单位、F 数、原料规格、颜色等信息,也可从 ERP 导入原料的相关信息,原料信息填写完毕后点击"确定",即可关闭对话框并保存信息。

（2）穿纱编辑:点击菜单栏编辑中的"穿纱编辑",弹出穿纱编辑对话框,如图 3-2-41 所示。由于纬编添纱织物中每一路均由面纱和地纱组成,因此在"穿纱"一栏需要将面纱和地纱的原料代号一起写上,以"AB"表示,其中 A 为面纱,B 为地纱。由于面纱、地纱在一路中的编织动作有时一致,有时不一致,其纱长会有所不同,因此需要在"送纱（纱长）"一栏分别输入 AB 的纱长,以"A 的纱长/B 的纱长"表示,如"13/20"。此外,由于每一路组织结构不同,第 1、2、3……路的 AB 送纱不同,需要在每一路的"送纱（纱长）"一栏分别填写。所有信息填写完毕后,在最下方文本框中输入穿纱和送纱最小循环数,点击"设置穿纱循环"按钮可自动排纱。

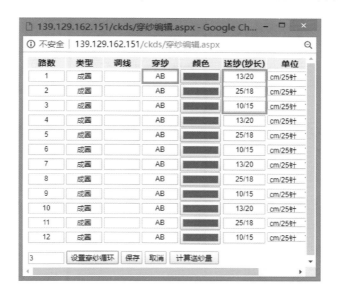

图 3-2-41　穿纱编辑图

4. 工艺设计与工艺单

（1）工艺设计：点击菜单栏的"工艺设计"，跳转至工艺设计页面，如图 3-2-42 所示。产品编号、花高、花宽、机型根据新建所输入的信息自动显示；机号、总针数、针床配置、针道数、筒径、路数根据所选机型系统默认一组数据，若实际机型参数与默认值不同可进行修改；门幅、纵密、横密、克重、匹重根据织物实际情况输入，门幅、克重、坯布圈数与产量系统计算得到；原料、穿纱、送纱等在之前原料编辑和穿纱编辑部分输入信息后可在工艺设计页面自动生成，也可点击下方按钮弹出相应对话框进行修改。

（2）工艺单：点击菜单栏工艺单中的"生产工艺单"或工具栏 ▦ 按钮，可查看工艺单。若需要打印工艺单，点击菜单栏文件中的"打印工艺单"即可打印，如图 3-2-43 所示。

5. 三维仿真

实现三维仿真的方法有两种。

（1）将光标移至菜单栏"视图"，出现子菜单后点击"三维仿真"，系统会根据花型意匠图及穿纱颜色跳转至三维仿真图，如图 3-2-44 所示。

（2）直接点击标准工具栏上的 ▨ 按钮。

图 3-2-42　工艺设计

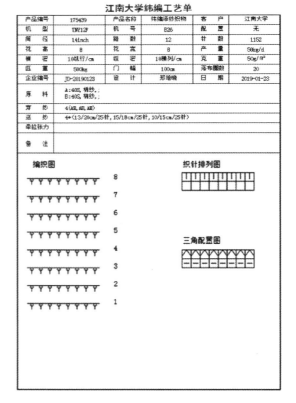

图 3-2-43　工艺单

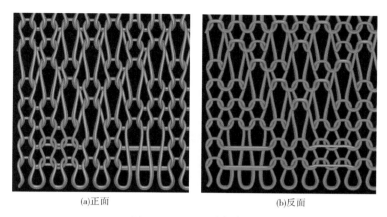

(a)正面　　(b)反面

图 3-2-44　三维仿真图

6. 导入数据库

产品设计完成后，点击文件中的 导入数据库 ▸ 可以把产品保存到数据库储存产品信息，以便随时查看。查询产品时，可通过花型相关信息如产品编号、织物类型、机型、三角配置图等条件精确检索产品或模糊检索相似产品。

7. 导出上机文件

（1）动作编辑：导出上机文件需要先进行动作编辑，光标移到“编辑”，显示子菜单后点击“动作编辑”，弹出对话框如图 3-2-45 所示，对动作类型、动作名称及动作值进行设计，若要做浮线添纱组织，还需将每一路的闸刀打开，动作精确到“步、圈、针”。

步	圈	针	动作类型	动作名称	动作
0	1	1	速度	速度	20
0	1	1	密度电机	全部密度电机	180
0	1	1	闸刀	1F闸刀	1
0	1	1	闸刀	2F闸刀	1
0	1	1	闸刀	3F闸刀	1
0	1	1	闸刀	4F闸刀	1
0	1	1	闸刀	5F闸刀	1
0	1	1	闸刀	6F闸刀	1
0	1	1	闸刀	7F闸刀	1
0	1	1	闸刀	8F闸刀	1
0	1	1	闸刀	9F闸刀	1
0	1	1	闸刀	10F闸刀	1
0	1	1	闸刀	11F闸刀	1
0	1	1	闸刀	12F闸刀	1
0	5	1	杂项	中层吹气	1
0	5	1	杂项	加油	1
0	20	1	杂项	中层吹气	0
0	20	1	杂项	加油	0
0	1	1	纱嘴	1F2号纱嘴	1
0	1	1	纱嘴	1F4号纱嘴	1
0	1	1	纱嘴	2F2号纱嘴	1
0	1	1	纱嘴	2F4号纱嘴	1
0	1	1	纱嘴	3F2号纱嘴	1
0	1	1	纱嘴	3F4号纱嘴	1
0	1	1	纱嘴	4F2号纱嘴	1
0	1	1	纱嘴	4F4号纱嘴	1

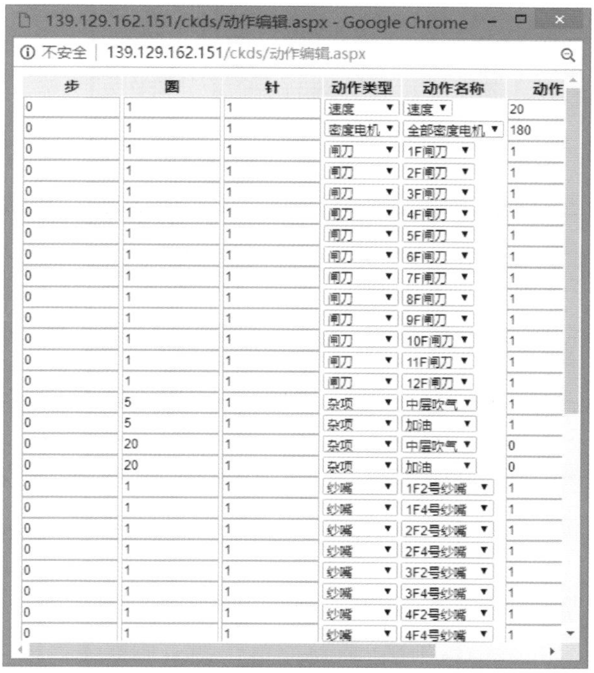

图 3-2-45　动作编辑

（2）导出文件：光标移至菜单栏"文件"显示子菜单，分别点击"导出 JPX""导出 ACX"即可在云端和本地生成上机文件。

七、纬编毛圈产品设计

1. 新建花型

新建花型文件首先点击工具栏 ⬜ 或菜单栏 文件(F) 选择"新建"，出现如图 3-2-46 所示的对话框。产品编号由系统自动生成，不宜修改；织物类型选择"纬编毛圈织物"，本示例选择的机型为 MCPE2.4，花宽、花高栏均输入 8。

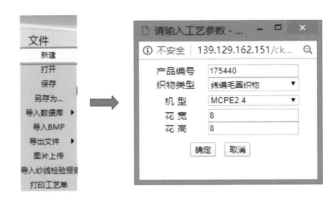

图 3-2-46　新建花型文件流程

2. 设计工艺编织图或三角织针排列图

（1）工艺编织图设计：在新建页面点击确定后，跳转至工艺编织图页面。在设计页面下方"编织工具栏"中选择 29（低毛圈）、30（高毛圈）两种编织动作对原始工艺编织图进行修改，如图 3-2-47 所示。

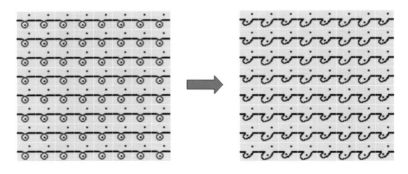

图 3-2-47　工艺编织图设计流程

3. 原料编辑与穿纱编辑

（1）原料编辑：点击菜单栏编辑中的"原料编辑"，弹出原料对话框。可根据原料信息输入原料细度、单位、F 数、原料规格、颜色等信息，也可从 ERP 导入原料的相关信息，原料信息填写完毕后点击"确定",即可关闭对话框并保存信息。

（2）穿纱编辑:点击菜单栏编辑中的"穿纱编辑",弹出穿纱编辑对话框,如图 3-2-48 所示。由于纬编毛圈织物中每一路均由地纱和毛圈纱组成,因此在"穿纱"一栏需要将地纱和毛圈纱的原料代号一起写上,以"AB"表示,其中 A 为地纱,B 为毛圈纱。由于地纱和毛圈纱在一路中的编织动作不一致,毛圈纱的纱长较长,因此需要在"送纱（纱长）"一栏分别输入 AB 的纱长,用"A 的纱长/B 的纱长"表示,如"13/20"。此外,由于每一路组织结构不同,第 1、2、3⋯路的 AB 送纱不同,需要在每一路的"送纱（纱长）"一栏分别填写。所有信息填写完毕后,在最下方文本框中输入穿纱和送纱最小循环数,点击"设置穿纱循环"按钮可自动排纱。

图 3-2-48 穿纱编辑图

4. 工艺设计与工艺单

（1）工艺设计:点击菜单栏的"工艺设计",跳转至工艺设计页面,如图 3-2-49 所示。产品编号、花高、花宽、机型根据新建所输入的信息自动显示;机号、总针数、针床配置、针道数、筒径、路数根据所选机型系统默认一组数据,若实际机型参数与默认值不同可进行修改;门幅、纵密、横密、克重、匹重根据织物实际情况输入,门幅、克重、坯布圈数与产量系统计算得到;原料、穿纱、送纱等在之前原料编辑和穿纱编辑部分输入信息后可在工艺设计页面自动生成,也可点击下方按钮弹出相应对话框进行修改。

（2）工艺单:点击菜单栏工艺单中的"生产工艺单"或工具栏 ▦ 按钮。可查看工艺单。若需要打印工艺单,点击菜单栏文件中的"打印工艺单"即可打印,如图 3-2-50 所示。

5. 三维仿真

实现三维仿真的方法有两种。

（1）将光标移至菜单栏"视图",出现子菜单后点击"三维仿真",系统会根据花型意匠图及穿纱颜色跳转至三维仿真图,如图 3-2-51 所示。

工艺设计

产品编号	175395	企业编号		产品名称	纬编多针道织物
客户	江南大学	面料编号		PO号	
机型 *	RS-S/4	机号 *	32	配置	罗纹配置
简径(inch) *	34	路数	72	机速(rmp)	18
总针数 *	3408	花高	12	花宽	12
成品横密(纵行/cm)	10	成品纵密(横列/cm)	10	毛坯克重(g/m2)	50
匹重(kg) *	500	成品门幅(cm)	100	成品克重(g/m2)	50
产量(kg/d)	50	牵拉张力		织物类型	纬编多针道织物
落布圈数(圈)	20	设计	郑培晓	日期	2019-01-21
审核人		修改人		修改日期	
要求克重		要求门幅		模型	旗袍 ▼
显示宽度	16	显示高度	20		

原料	A:75D/36F,涤纶FDY,67.77; B:32Nm,棉纱,32.23;
彩条编辑	
穿纱	36(A,B)
送纱	36*(20cm/25针,13cm/25针)
备注	

原料编辑　穿纱/送纱编辑　彩条编辑　确定　取消

图 3-2-49　工艺设计

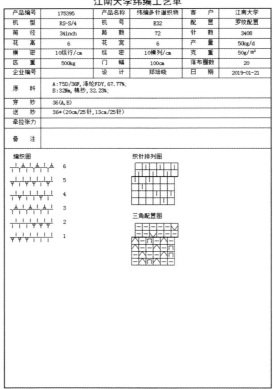

江南大学纬编工艺单

产品编号	175395	产品名称	纬编多针道织物	客 户	江南大学
机 型	RS-S/4	机 号	E32	配 置	罗纹配置
简 径	34inch	路 数	72	针 数	3408
花 高	6	花 宽	6	产 量	50kg/d
横 密	10纵行/cm	纵 密	10横列/cm	克 重	50g/m²
匹 重	500kg	门 幅	100cm	落布圈数	20
企业编号		设 计	郑培晓	日 期	2019-01-21
原 料	A:75D/36F,涤纶FDY,67.77%; B:32Nm,精纱,32.23%;				
穿 纱	36(A,B)				
送 纱	36*(20cm/25针,13cm/25针)				
牵拉张力					
备 注					

编织图　　　　织针排列图

三角配置图

图 3-2-50　工艺单

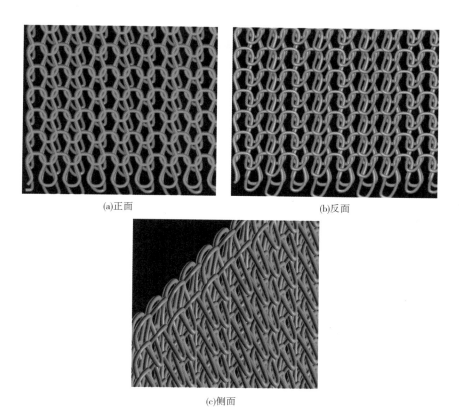

(a)正面　　　　　　　　　　　　　　(b)反面

(c)侧面

图 3-2-51　三维仿真图

（2）直接点击标准工具栏上的 ⚙ 按钮。

6. 导入数据库

产品设计完成后,点击文件中的 ▢导入数据库▶ 可以把产品保存到数据库储存产品信息,以便随时查看。查询产品时,可通过花型相关信息如产品编号、织物类型、机型、三角配置图等条件精确检索产品或模糊检索相似产品。

第四章　互联网横编 CAD 系统设计与实现

本章首先阐述了电脑横机编织系统的结构、工作原理和基本编织方法。横编针织物编织原理是实现横编 CAD 系统的理论基础,横编 CAD 软件可以对横编织物进行快速设计进而生成上机文件,其中,上机文件包含的信息用于控制电脑横机编织。因此,横编针织物的数学模型是实现横编 CAD 系统的理论依据。在编织原理的基础上对横编针织物提花、衣片成形的工艺进行研究,探索高效的织物设计方法。

第一节　横编基础知识

一、编织系统与基本编织动作

1. 编织系统

图 4-1-1 所示为 STOLL CMS530 HP 电脑横机,编织系统主要由机头 1、织针 2、针床 3、纱嘴 4 构成,还包括传动系统、送纱系统、牵拉机构和质量控制组件等机构,各机构间相互配合完成编织。

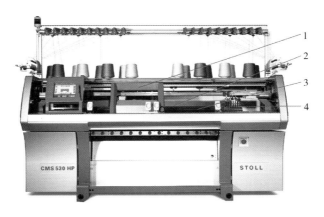

图 4-1-1　STOLL CMS530 HP 电脑横机
1—机头　2—织针　3—针床　4—纱嘴

(1)织针。电脑横机普遍使用舌针,如图 4-1-2(a)所示,舌针一般由针钩 1、针舌 2、针舌轴 3、针杆 4、针踵 5、针尾 6 组成。图 4-1-2(b)所示的带移圈功能的弹簧舌针带有扩圈片 7,

STOLL 电脑横机常采用后者。针钩勾取纱线成圈，针舌负责辅助成圈，受线圈力量绕针舌轴转动打开或闭合，扩圈片则是用于前后针床之间的线圈转移，转移时需要移圈的织针会插到另一个针床对应织针的扩圈片上。

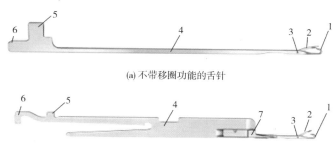

(a) 不带移圈功能的舌针

(b) 带移圈功能的弹簧舌针

图 4-1-2　舌针

1—针钩　2—针舌　3—针舌轴　4—针杆　5—针踵　6—针尾　7—扩圈片

（2）针床。电脑横机一般配有两个针床，如图 4-1-3 所示，两个针床之间的夹角一般为 90°~100°。两个针床一般相错配置，这样能够避免两个针床的织针同时出针时发生撞针。一般来说，前针床与机器固定，后针床可以进行横移。根据花型要求，可以横移一个或多个针距，移圈时横移半个针距，以便编织绞花、挑孔等复杂特殊花型。图 4-1-4 所示为针床编织系统配置图，主要由织针 1、挺针片 2、弹簧片 3、选针片 4、沉降片 5 组成。其中织针 1 安装在针床上，在针

图 4-1-3　针床

床的针槽内上下滑动，其尾部与挺针片 2 头部嵌套，弹簧片 3 位于挺针片 2 的上方，用于实现同一横列的不同编织动作。选针片 4 位于弹簧片上方，具有八段等距针脚，可方便选针器选针。沉降片 5 用于辅助编织过程中的闭口、弯纱、成圈和牵拉动作。

（3）纱嘴。纱嘴也称导纱器，图 4-1-5 所示为普通型纱嘴。纱嘴由机头带动运动，将纱线喂到针钩内形成新的线圈。电脑横机一般配有 8~16 只纱嘴，可编织不同纱线的多种花色组织。普通电脑横机共有 16 只纱嘴，两侧各 8 只，分别装在 4 根导轨上，编织系统可任意选择导纱器。此外，还有添纱型和嵌花型导纱器，分别用于编织添纱组织和嵌花组织。

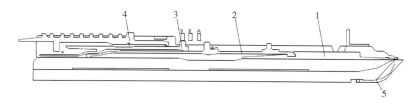

图 4-1-4　针床编织系统配置图

1—织针　2—挺针片　3—弹簧片　4—选针片　5—沉降片

（4）机头。机头是电脑横机的核心部件，主要作用是进行选针。通过三角编织系统带动织针完成编织动作，此外还具有控制纱嘴，调节织物密度和清洁、润滑针床的作用。三角系统安装在机头内部，随着机头运动，图4-1-6（a）所示为三角编织系统。机头内可安装一个或多个编织系统，最多可安装8个。图4-1-6（b）所示为双机头，该机头可以迅速分开、合并运行，充分利用机器工作宽度使生产更灵活。

图 4-1-5　普通型纱嘴

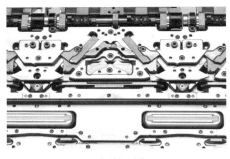

(a) 三角编织系统

(b) 双机头

图 4-1-6　机头编织系统

2. 基本编织动作

电脑横机基本编织动作包括成圈编织、集圈编织、浮线编织和移圈编织。将这些基本编织动作组合可形成各种组织，编织外观和伸缩性不同的各种针织物。其中成圈、集圈和浮线编织的区别是织针上升高度及垫纱位置不同，移圈编织则是将织针上的线圈转移到其他织针上。

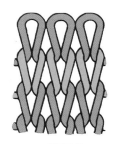

(a) 成圈高度　　(b) 成圈组织

图 4-1-7　成圈编织

（1）成圈编织。编织成圈时要经历退圈、垫纱、闭口、脱圈、弯纱成圈几个阶段，主要过程是织针从最低点上升到最高点，如图4-1-7（a）所示，旧线圈滑落至针杆上，经纱嘴将纱线垫放在针钩内，织针带动纱线开始下降，针舌在旧线圈的作用下关闭，织针继续下降，旧线圈从针头上脱落，与新线圈串套，织针继续下降到最低点，形成新线圈，图4-1-7（b）所示为成圈组织。

（2）集圈编织。编织集圈时，织针从最低点上升但未上升到退圈高度，如图4-1-8（a）所示，旧线圈滑落至针舌上，纱嘴垫入新纱线后织针下降，旧线圈与新纱线都在针钩内，并不形成新线圈，仅仅是形成一个悬弧，如图4-1-8（b）所示。

（3）浮线编织。编织浮线时，如图4-1-9（a）所示，织针不上升，旧线圈不退圈仍在针钩内，新纱线浮在针背，如图4-1-9（b）所示。

（4）移圈编织。所有由横机编织的织物都是由三种结构之一（平针、双面、双反面）与三种线圈形态（线圈、集圈、浮线）结合而构成的。横机具有将线圈从某一枚针上移到另一枚针上的功能，从而形成一种极具特色的织针结构，但移圈并不是一种新的线圈形态。

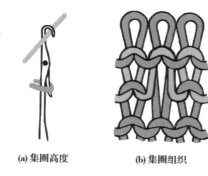

(a) 集圈高度　　**(b) 集圈组织**

图 4-1-8　集圈编织

电脑横机的移圈编织主要有翻针（移圈）与接针（接圈）两个过程。织针给出线圈的动作叫作翻针，另一枚织针接受线圈的动作叫作接针。电脑横机使用带有扩圈片的舌针实现移圈编织。移圈编织时，针床对位为移圈配置，即前后针床相差 1/4 个针距。织针对应另一个针床织针上的扩圈片位置，如图4-1-10（a）所示，移圈针上升至退圈高度，线圈滑落至扩圈片上，另一个针床的接圈针上升至集圈高度，其针钩进入扩圈片，移圈针下降，直到线圈掉落至接圈针上，接圈针下降，线圈进入接圈针针钩，线圈完全从移圈针转移至接圈针上，形成移圈组织，如图4-1-10（b）所示。

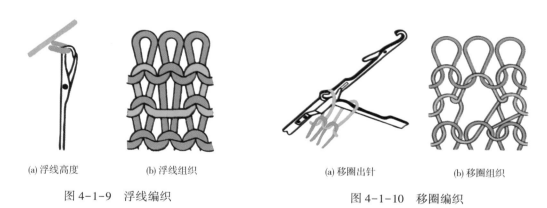

(a) 浮线高度　　　　(b) 浮线组织　　　　　　　(a) 移圈出针　　　　(b) 移圈组织

图 4-1-9　浮线编织　　　　　　　　　　图 4-1-10　移圈编织

二、横编针织物设计的数学模型

电脑横机通过控制系统控制、协调各个系统之间的工作，自动化程度高，工艺文件几乎提供了全部的控制信息。因此，要设计相应的数学模型优化程序，生成准确的工艺控制文件。横编针织物一个线圈高度的行称为花型行，一个花型行由一个或若干个工艺行编织而成。横编针织物是以工艺行为单位进行编织的，每一工艺行上的信息构成了电脑横机所需的编织信息，编织信息主要由工艺信息和参数信息构成。

1. 花型意匠图数学模型

花型意匠图是为了直观表达用户所设计的花型，其高度为花高，宽度为花宽，花高为正面线圈横列数，花宽为编织所用到的最大针数。整个花型意匠图的信息可以用式（4-1）的二维数组 P 定义，其大小为 $h \times w$，h 为花型行高度，w 为花宽。因此在实现花型意匠图的绘制时要先绘制图元然后再在相应的位置贴图。

$$P = \begin{bmatrix} P_{1,1} & \cdots & P_{1,w} \\ \vdots & P_{i,j} & \vdots \\ P_{h,1} & \cdots & P_{h,w} \end{bmatrix} \qquad (4-1)$$

式中：$P_{i,j}$ 表示第 i 个花型行第 j 列花型意匠格的参数；花型行数 $i=1,2,\cdots,h$；编织列数 $j=1,2,\cdots,w$。

2. 编织工艺数学模型

（1）工艺信息。工艺信息是编织工艺行中所有工艺点的信息，每个工艺点信息主要包括编织动作与纱线颜色。编织动作表示的是前后两个针床上织针的出针动作，每个针床的出针动作主要包括基本编织动作，即成圈、集圈、浮线和移圈，一个工艺点的编织动作是前后两个针床出针动作的组合。纱线颜色则表示编织此工艺行所用到的纱线，通常一行工艺行由同一种纱线编织而成，即有且只有一个纱嘴喂纱。因此可以将工艺编织图的工艺信息定义为二维矩阵 K，如式（4-2）所示。

$$K = \begin{bmatrix} K_{1,1} & \cdots & K_{1,n} \\ \vdots & K_{i,j} & \vdots \\ K_{m,1} & \cdots & K_{m,n} \end{bmatrix} \qquad (4-2)$$

式中：$K_{i,j}$ 表示第 i 行第 j 列前后两个针床编织动作的组合；工艺行数 $i=1,2,\cdots,m$；编织列数 $j=1,2,\cdots,n$。表 4-1-1 表示 K 值对应的编织动作信息。除了基本的编织动作成圈、集圈、浮线、翻针移圈之外，还有脱圈等动作，用于落布等操作。

表 4-1-1　编织动作信息

参数 K 值	意义	符号	参数 K 值	意义	符号
1	前针床带翻针成圈		10	前针床成圈/后针床集圈	
2	后针床带翻针成圈		11	前针床集圈/后针床成圈	
3	前针床带翻针集圈		12	前针床集圈/后针床集圈	
4	后针床带翻针集圈		13	翻针至前针床浮线	
5	前针床成圈/后针床浮线		14	翻针至后针床浮线	
6	前针床浮线/后针床成圈		15	浮线	
7	前针床集圈/后针床浮线		16	无编织动作	
8	前针床浮线/后针床集圈		17	前针床带翻针成全/后针床分针	
9	前针床成圈/后针床成圈		18	前针床分针/后针床带翻针成圈	

续表

参数 K 值	意义	符号	参数 K 值	意义	符号
19	前针床成圈/后针床分针		28	前针床沉圈	
20	前针床分针/后针床成圈		29	后针床沉圈	
21	前针床移圈至后针床		30	前、后针床沉圈	
22	后针床移圈至前针床		31	前针床脱圈/后针床沉圈	
23	前针床自动移圈至后针床		32	前针床沉圈/后针床脱圈	
24	后针床自动移圈至前针床		33	前针床不脱散脱圈	
25	前针床脱圈		34	后针床不脱散脱圈	
26	后针床脱圈		35	前、后针床不脱散脱圈	
27	前、后针床脱圈				

将每个工艺编织图的纱线颜色信息定义为二维矩阵 C，如式（4-3）所示。

$$C = \begin{bmatrix} C_{1,1} & \cdots & C_{1,n} \\ \vdots & C_{i,j} & \vdots \\ C_{m,1} & \cdots & C_{m,n} \end{bmatrix} \tag{4-3}$$

式中：$C_{i,j}$ 表示第 i 行第 j 列线圈的纱线颜色；工艺行数 $i=1,2,\cdots,m$；编织列数 $j=1,2,\cdots,n$。图 4-1-11 表示每种纱线对应的颜色取值，取值范围为 1~36。不同数字代表不同颜色，其中 1~32 用于大身编织纱线，33、34 常用于编织安全行，35 为废纱，36 为橡筋纱。

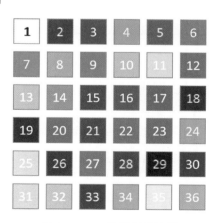

图 4-1-11　纱线颜色取值

（2）参数信息。参数信息指的是每一行工艺行在编织时所用到的编织信息，主要包括机头方向、工作系统、牵拉、机速、密度、循环、纱嘴、针床横移等信息。机头方向指的是编织工艺行机头的工作方向，从左至右或从右至左；工作系统指的是编织当前工艺行的系统号，一行工艺行有且仅有一个编织系统编织；牵拉指的是编织工艺行时的牵拉值；机速指的是编织工艺行时机头工作的速度；密度指的是前后针床弯纱深度，一个工艺行对应的前后针床密度是不变的；循环指的是此工艺行是否要重复编织；纱嘴指的是编织工艺行时用到的纱嘴编号；针床横移指的是针床左右移动的过程。对于工艺行而言，这些信息都是工艺行必不可少的，同时在同一行工艺行上是通用的。

因此,参数种类数为 n,工艺行数为 m 的参数信息可以用二维矩阵 E 表示,如式(4-4)所示。

$$E = \begin{bmatrix} E_{1,1} & \cdots & E_{1,n} \\ \vdots & E_{i,j} & \vdots \\ E_{m,1} & \cdots & E_{m,n} \end{bmatrix} \tag{4-4}$$

式中:$i = 1, 2, \cdots, m$;$j = 1, 2, \cdots, n$;$E_{i,j}$ 表示第 i 工艺行的第 j 种参数的信息。

参数信息定义方式与工艺信息类似,是普通的二维矩阵,第一个维度为参数种类,第二个维度为工艺行。除了在建立数学模型时介绍的几种参数信息,为了方便操作,还应增加编织行属性、编织行对应的花型行号等。因此根据参数信息的内容,其参数取值如表 4-1-2 所示。

表 4-1-2　参数信息

参数名称	参数取值及意义
花型行	1~h—编织行对应的花型行号,其中 h 为花高
机头方向	1—从右向左、2—从左向右
系统	0—无系统、1~3—系统号
牵拉	1~30—牵拉值
机速	1~10—机速值
密度	1~50—弯纱深度值
循环	1~20—循环组号
纱嘴	0—无纱嘴,1~32—纱嘴号
针床横移	0—无横移,1~49—针床向左横移的针数,51~99—针床向右横移的针数
编织行属性	0—空行,1—编织行,2—脱圈行,3—翻针行,4—自动翻针行

三、织物设计方法

1. 图案提花

提花是横编组织中形成花型的重要方式,提花组织是指将不同颜色的纱线和前后针床出针方式相结合编织而成的一种组织。在用多种颜色纱线编织时,提花组织可以形成丰富的花纹效应。电脑横机在编织提花组织时,任一颜色的纱嘴将在自己颜色区域内前针床出针编织,在其他颜色区域内前针床不出针,而反面则会根据效应要求设定出针规律选择后针床编织或不编织。

(1)提花分类。提花的分类有多种形式,由于分类依据的不同,提花的种类称呼也不一样。可根据提花方式、提花区域、提花线圈大小、反面出针规律、反面提花效应进行不同的分类。

①根据提花方式不同,可将提花分为单面提花和双面提花。单面提花由一个针床完成提花,其组织由线圈和浮线组成,正面由不同颜色的线圈形成花纹效应,每一种颜色对应的反面则是其他颜色纱线形成的浮线。双面提花是由两个针床编织而成,可在两面都形成花纹,一般正

面按花纹要求提花,反面按照一定结构进行编织。电脑横机可根据要求在同一织物上进行单面提花和双面提花。

②根据提花区域不同,可将提花分为局部提花和整体提花。电脑横机将织物某块区域做提花处理称为局部提花,而将整块织物都做提花处理称为整体提花。局部提花的织物薄厚有差异,而整体提花的织物薄厚程度一致。

③根据提花线圈大小,可将提花分为均匀提花和不均匀提花。均匀提花是指采用不同颜色的纱线编织,每一纵行上的线圈大小一致、个数相同。不均匀提花是指某些织针连续不编织,形成拉长的线圈,使得织物表面线圈大小不一致。一般地,均匀提花在每个横列中每个织针必须要编织一次,且每一种色纱至少编织一次。不均匀提花由于存在被拉长的线圈,可以根据花纹效应得到凹凸效果。

④根据反面出针规律不同,可将提花分为完全提花和不完全提花,电脑横机编织时,完全提花是指后针床全部出针参与编织,不完全提花是指上针一隔一出针参与编织。不完全提花较常用,织物花型清晰、结构稳定、延伸性和脱散性较小。

⑤根据反面提花效应不同,可将提花分为浮线提花、横条提花、竖条提花、芝麻点提花、空气层提花等。接下来将重点介绍这几种提花方式及其分解规律。

(2)提花分解规律。

①浮线提花。浮线提花是典型的单面提花,其特点是:在花型中,与纱嘴颜色相同的区域编织成圈,颜色不同的区域做浮线编织。图 4-1-12 所示为浮线提花的花型意匠图和编织工艺图,对于两色浮线提花,一行花型行对应两行工艺行,因此在分解时首先将一行花型变为两行工艺行,第一行工艺行的纱线颜色为花型行中出现的第一种颜色,第二行纱线颜色为另一种颜色,第一行工艺行中对应花型行第一种颜色的位置为前针床成圈,另一种颜色的位置为浮线,第二行工艺行与之相反。

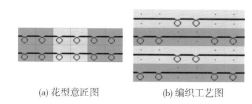

(a) 花型意匠图   (b) 编织工艺图

图 4-1-12　浮线提花

在编织浮线提花时,同一种颜色编织过多,则造成另一种颜色在此区域内编织较长的浮线,如图 4-1-13(a)所示。长浮线除容易造成勾丝外,还会影响编织安全,即编织较长浮线后再次成圈编织时,织针勾取纱线困难,会造成漏针现象,所以连续浮线的数量不宜超过 4 针。因此在编织较长浮线时加入集圈编织,既不影响提花效果,也可以提高编织稳定性,添加集圈的方式有多种,图 4-1-13(b)所示为较常用的斜纹排列,此外还有鱼鳞纹、人字纹等。

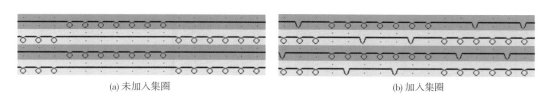

(a) 未加入集圈   (b) 加入集圈

图 4-1-13　浮线过长时添加集圈

②横条提花。横条提花是双面提花的一种,属于完全提花,图 4-1-14 所示为横条提花的花型意匠图和编织工艺图,其特点是:在花型中,与纱嘴颜色相同的区域前针床编织成圈,后针床每一种颜色编织一个线圈横列。如图所示,在编织两色横条提花时,一行花型行对应两行工艺行,每一行工艺行的纱线颜色与花型行颜色出现的顺序对应,第一行工艺行中对应花型行第一种颜色的位置前后针床都编织,另一种颜色的位置为后针床编织,第二行则相反。

横条提花由于后针床织针全部成圈,反面线圈纵密比正面线圈纵密大,比例为 $n:1,n$ 为正面花型行颜色数。当前后针床纵密差异较大时,会影响正面花型效果,因此在设计横条提花时,颜色数不宜超过三种。

③纵条提花。纵条提花的反面,每一个横列由两种色纱交替成圈形成纵条效应,属于不完全提花组织。图 4-1-15 所示为纵条提花的花型意匠图和编织工艺图,两色纵条提花在分解时,一行花型行对应两行工艺行,第一行工艺行中对应花型行第一种颜色的位置前针床编织,后针床隔针编织,另一种颜色的位置前针床不编织,后针床隔针编织,第二行与之相反。纵条提花由于纵条效应,色纱集中,反面纱在正面露出来,造成露底现象,因此在实际生产中不常用。

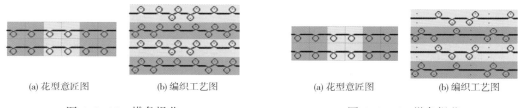

| (a) 花型意匠图 | (b) 编织工艺图 | (a) 花型意匠图 | (b) 编织工艺图 |

图 4-1-14　横条提花　　　　　　图 4-1-15　纵条提花

④芝麻点提花。芝麻点提花是为了解决纵条提花的露底现象而形成的提花方式,其特点是不同颜色的色纱在后针床编织时采用跳棋状分布,形成点状花纹效应。图 4-1-16 所示为两色芝麻点提花的花型意匠图和编织工艺图,分解规律与纵条类似,但后针床编织应注意不同色纱的分布,前后针床比为 1:1。在进行三色芝麻点分解时,正面线圈一行花型行对应三行工艺行,而反面线圈两个工艺行对应一行花型行,前后针床纵密比为 2:3。

⑤空气层提花。空气层提花属于双面提花,特点是正反面颜色相同但互补。图 4-1-17 所示为两色空气层提花的花型意匠图和编织工艺图,在分解时,一行花型行对应两行工艺行,前后针床选针互补,即第一行工艺行对应花型行第一种颜色的位置,前针床编织,后针床不编织,对应第二种颜色位置前针床不编织,后针床编织,第二行相反。需要注意的是,在进行三色空气层提花编织时,如图 4-1-18(a)所示,可采用两种分解方式,图 4-1-18(b)所示是正面编织的色纱区域反面对应另一种色纱,为非均匀空气层提花,图 4-1-18(c)所示是正面编织的色纱区域反面对应另外两种色纱,为均匀空气层提花。

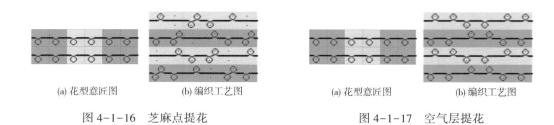

(a) 花型意匠图　　　　(b) 编织工艺图　　　　　　(a) 花型意匠图　　　　(b) 编织工艺图

图 4-1-16　芝麻点提花　　　　　　　　　图 4-1-17　空气层提花

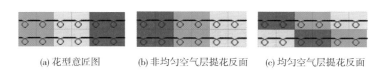

(a) 花型意匠图　　　　(b) 非均匀空气层提花反面　　　(c) 均匀空气层提花反面

图 4-1-18　三色空气层提花

空气层提花织物厚实且紧密，花型清晰且不露底。但因克重较大，也常采用隔针的方式编织抽条空气层。图 4-1-19 所示为抽条空气层提花的编织工艺图，后针床线圈隔针编织。

2. 衣片成形

衣片成形是指在编织过程中就形成了具有一定尺寸和形状的织物，不需要进行或只进行少量裁剪就能通过套口或缝制成为毛衫。衣片成形设计一般从设计成形模型开始，以得到成形衣片的编织信息为

图 4-1-19　抽条空气层提花

目的。下面将介绍针织毛衫成形的原理，结合成形衣片收放针规律，将毛衫款式参数化并进行成形工艺计算，根据成形衣片的特点将毛衫款式数据转化为部分成形数据，由部分成形数据计算得到衣片模型，将衣片模型与底组织结合，即可生成成形衣片的编织信息。

（1）成形原理。在成形设计中，可以通过变组织、变密度和收放针三种方法改变织物形状，其中变组织与变密度是通过改变线圈的大小、形状和结构引起织物密度变化实现衣片成形。收放针则是在编织过程中通过翻针、针床横移等动作增加或减少编织的针数，使织物横向尺寸发生变化实现衣片成形。在设计成形衣片时，常用收放针作为实现成形的方法。收放针主要分为收针、放针、拷针、局部编织。

①收针。收针是指在编织过程中工作针数减少的过程，即退出工作的织针将线圈转移到相邻织针上。收针方法包括明收针、暗收针。

a. 明收针。如图 4-1-20 所示，明收针指的是将要退出工作的织针上的线圈转移到相邻的工作织针上，边缘的工作织针上有两个线圈。明收针的特点是转移线圈的织针数等于退出工作的织针数，但这种收针方式会造成织物边缘线圈重叠，从而使边缘变厚，影响缝合。

b. 暗收针。如图 4-1-21 所示，暗收针是

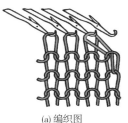
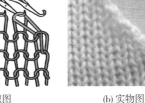

(a) 编织图　　　　　　(b) 实物图

图 4-1-20　明收针

指将要退出工作的织针上的线圈连同相邻数枚工作织针上的线圈同时向针床里边转移,再同时套到所有边缘的工作针上,最边缘的工作织针上仍只有一个线圈,而在靠里位置上的工作织针上有两个线圈,要减少的工作织针有三枚,被转移的线圈有七个,且在最里面三枚织针上形成双线圈。暗收针的特点是转移线圈的织针数大于退出工作的织针数,这种收针方式织物边缘没有线圈重叠,易于缝合,在收针内侧形成的双线圈被称为收花,常用于挂肩位置,可起到装饰作用。

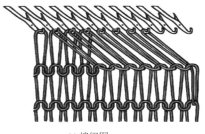

(a) 编织图   (b) 实物图

图 4-1-21   暗收针

②放针。与收针相反,放针是在编织过程中增加参加工作织针的数量,增加织物的横向尺寸,主要方式有明放针和暗放针。

a. 明放针。如图 4-1-22 所示,明放针是将需要增加的工作织针推入工作区,同其他织针一起勾取纱线开始编织。

b. 暗放针。如图 4-1-23 所示,暗放针是将边缘若干工作织针上的线圈依次向外转移到要增加的相邻的织针上,使将要参加工作的织针在编织之前就含有线圈,新增加的织物纵行不会呈现在织物边缘,从而形成光滑的边缘效应,但会因转移线圈之后中间一枚织针变为空针,形成网孔效应。

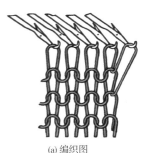
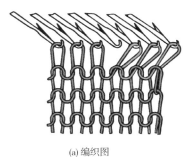

(a) 编织图   (b) 实物图   (a) 编织图   (b) 实物图

图 4-1-22   明放针   图 4-1-23   暗放针

③拷针。如图 4-1-24 所示,拷针其实是收针的一种,也称为平收针,是将要退出工作的织针上的线圈脱掉并转移到相邻线圈上,并采用局部编织的方法减少工作织针。平收针织物边缘的线圈看起来是在同一横列上,实际上却是通过边织边转移的方法,即织一个线圈转移一个线

圈减少一枚工作织针,直到拷针结束。拷针主要为了解决连续多针收针的问题,避免了因直接脱圈需要锁边的工序。

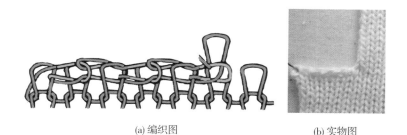

(a) 编织图　　　　　　　　　　　(b) 实物图

图 4-1-24　拷针

④局部编织。局部编织简称局编,是指在编织过程中,使部分工作织针暂时退出工作,但线圈不转移仍保留在织针上,这部分织针可随时进入编织,通过局编可形成特殊织物形状。如图 4-1-25(a)所示,第 1 横列的所有织针都参与编织,从第 2 横列开始减少工作织针,到第 5 横列时仅有两枚织针参与编织,在编织第六横列时,退出工作的织针又重新开始编织,对应实物图如图 4-1-25(b)所示。

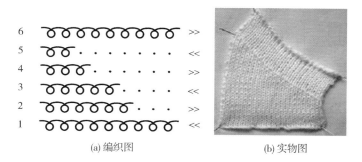

(a) 编织图　　　　　　　　　　　(b) 实物图

图 4-1-25　局部编织

局部编织的特点是织针只是暂时退出编织,完成收针后再重新进入工作。局部编织工艺通过控制工作织针的数量和编织行数,可以完成各种衣片造型的编织,再加上局部编织的收针区域平滑,没有收花,被广泛用于编织服装领部、肩部、腰部等部位。

(2)成形工艺数据。

①成形工艺计算。成形工艺计算是成形产品设计的核心,成形工艺计算过程是指根据规格尺寸数据将款式分解成衣片,并根据实际测量的密度,计算各个衣片上编织线圈排列规律的过程,主要流程如图 4-1-26 所示。成形工艺计算与羊毛衫款式密不可分,以款式相应的尺寸规格为依据,确定羊毛衫基础廓形,应用收放针分配确定具体形状。

②成形工艺数据。下面以男士 V 领插肩袖毛衫为例介绍成形数据结构,款式如图4-1-27所示,尺寸数据见表4-1-3。

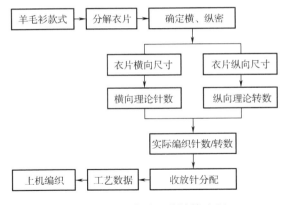

图 4-1-26　成形工艺计算流程

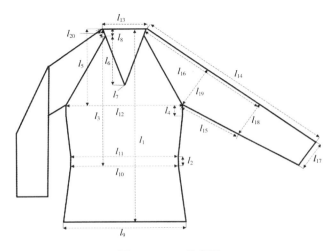

图 4-1-27　款式图

表 4-1-3　标准尺寸数据

参数	尺寸/mm	参数	尺寸/mm
衣长 l_1	550	腰部上围 l_{11}	380
腰部平摇 l_2	40	胸围 l_{12}	420
腰上长 l_3	105	领宽 l_{13}	170
胸部平摇 l_4	5	袖长 l_{14}	760
袖窿深 l_5	240	内臂袖长 l_{15}	474
领深 l_6	120	袖肘长 l_{16}	525
领底宽度 l_7	0	袖口宽 l_{17}	100
后领深 l_8	0	袖肘宽 l_{18}	132
起头宽度 l_9	420	袖肥 l_{19}	165
腰部下围 l_{10}	380	袖顶宽 l_{20}	43

根据成形工艺数据计算方法,首先将款式分解为衣片,以毛衫后片为例,采用分部成型的方法,对其特点进行分析。成形工艺数据首先包括衣片的信息,每个衣片信息中包含应用于整个衣片的信息,如横纵密度、起始针数、中留针数等;其次衣片可以被分解为多个形状不同的部分;最后,每一部分由不同收放针规律的行组成。因此,如图 4-1-28 所示,可以将成形衣片数据由上到下依次分为片信息、部信息、条信息。

如图 4-1-29 所示,可将毛衫后片根据形状分为 9 个部分:部分 1 为起底平放,部分 2 为腰下部收针,部分 3 为腰部平摇,部分 4 为腰上部放针,部分 5 为胸部平摇,部分 6 为拷针,部分 7 为肩部收针,部分 8 为领部平摇,部分 9 为结束编织行。各部分成形数据见表 4-1-4,因衣片为对称结构,表中显示为衣片一侧数据,以部分 2 为例,部分 2 的高度为 145mm,对应高度线圈数,即线圈横列数为 80,宽度较前一部分减少 20mm,对应宽度线圈数,即针数减少 8 针,高度幅度和宽度幅度可用收放针规律表达式 K-N-T 表示为 10-1-8,即每 10 行收 1 针,执行 8 次。

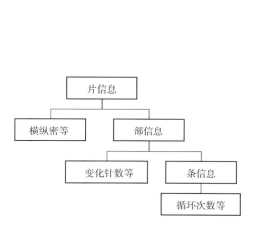

图 4-1-28 成形数据结构示意图

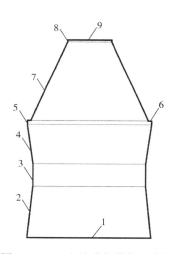

图 4-1-29 衣片分部数据示意图

表 4-1-4 分部成形数据

部分	高度/mm	宽度/mm	高度线圈数	宽度线圈数	高度幅度	宽度幅度	类型
1	0	210	0	86	0	86	平放
2	145	−20	80	−8	10	1	收针
3	40	0	22	0	22	0	平摇
4	116	20	64	8	8	1	放针
5	7	0	4	0	4	0	平摇
6	0	−10	0	−4	0	−4	平收
7	208	−127	114	−52	0	0	收针
8	4	0	2	0	2	0	平摇
9	0	−73	0	−30	0	−30	平收

第二节 互联网横编 CAD 系统架构与功能设计

互联网应用程序包括客户端和服务器端。本节将介绍客户端与服务器端的关键技术以及应用,在介绍 HTML5、ASP. NET 等关键技术的同时,对互联网横编 CAD 系统进行了基于 B/S 架构的设计,根据横编针织物的设计流程来设计互联网横编 CAD 系统的功能模块和用户界面。本节的内容是实现互联网横编 CAD 的基础。

一、互联网开发关键技术

1. 客户端技术

互联网应用程序的客户端指的是用户电脑或手机上的浏览器,客户端主要任务是捕捉用户的各种操作指令,在界面上通过使用文本、图片、声音、视频等方式向用户展示信息,进行程序与用户之间的交互。实现交互方式的主要技术包括 HTML5、JavaScript、CSS3 等。

(1)HTML5 技术。HTML 即超文本标记语言,是一种规范和标准,用以标记网页各个部分的显示,即告诉网页如何处理文字,如何显示图片等。HTML5 是 W3C 组织在 2014 年最新发布的推荐标准,HTML5 大幅提升了浏览器的显示性能,而且各大浏览器均兼容 HTML5,HTML5 的发布促进了 Web 应用程序的发展,成为开发 Web 应用程序的主流。

相比之前版本,HTML5 具有很多新的特性,如绘图功能、实时通信功能、本地数据存储和离线应用等功能。下面主要介绍 HTML5 的绘图功能。

HTML5 的绘图功能主要依靠新增的标签<Canvas>来实现。<Canvas>为浏览器提供了一块位图区域,可以进行图像绘制和图像处理,而进行图像绘制和处理的函数都是<Canvas>自带的,如直线、矩形、曲线等,还可以绘制图片和文字。此外,还可以对每一个像素点进行操作,十分适合 CAD 类型系统的图像显示,主要应用的处理函数见表 4-2-1。

表 4-2-1 Canvas 绘图基本方法

函数	解释	函数	解释
beginPath( )	开始绘图	clearRect( )	清空选定的矩形区域
moveTo( )	将点移动到新的位置	lineTo( )	绘制线段
arc( )	绘制弧线	bezierCurveTo( )	绘制三次贝塞尔曲线
fillRect( )	绘制实心矩形	strokeRect( )	绘制空心矩形
drawImage( )	绘制图片	fillText( )	绘制文字
getImageData( )	获取区域内像素	putImageData( )	填充区域内像素

实际上绘图工作由 JavaScript 所编写的函数完成,绘图区域通过 Canvas. getContext( ) 方法得到,应用各种方法进行图案的绘制和图像的处理。此外,<Canvas>还自带了很多交互功能,如

Canvas. mousedown、Canvas. mouseup、Canvas. mousemove 等事件,利用 JavaScript 监听这些事件并执行相关函数可以实现浏览器的交互功能。HTML5<Canvas>与其他浏览器绘图技术相比,具有以下优点:无须任何插件即可在浏览器上绘图;绘图效率高、速度快;能够绘制 3D 图形;可进行各种交互操作,灵活性强。

(2)JavaScript 技术。JavaScript 是面向对象的客户端脚本语言,被广泛应用于 Web 应用程序的开发,极大提升了浏览器的响应速度。JavaScript 主要由 ECMAScript、DOM、BOM 三部分构成,其中 ECMAScript 描述该语言的语法和基本对象。DOM(文档对象模型)描述处理网页内容的方法和接口。BOM(浏览器对象模型)描述与浏览器进行交互的方法和接口。JavaScript 通过嵌入在 HTML 页面中实现自己的功能,采用对象事件触发机制,网页监听到某元素的某事件触发时,然后就会调用对应的事件处理函数,最后把函数处理结果返回给函数调用的页面元素。

JavaScript 可以提升网页的动态交互功能,为用户提供更流畅的交互体验和更美观的浏览效果,具有以下特点:是一种解释性脚本语言,无须预编译;可为 HTML5 中的元素添加交互行为;面向对象,既可以控制现有对象,也可以创建新的对象;具有很好的兼容性,大多数浏览器都支持 JavaScript。

此外,JavaScript 有很多扩展库,如 jQuery. js、node. js、There. js。这些代码库提供了功能上的扩展,优化了动态网页的设计,在应用这些代码库的时候,只需在前台添加引用就可以使用库中的函数和方法,极为方便。

(3)CSS3 技术。CSS 即层叠样式表,用来控制网页中控件的布局、字体、颜色、背景等效果,可以提升网页的美观性。同时由于它基于 HTML 语言,用于控制网页的样式信息是可以与网页内容分离的,因此诞生了专门的样式开发人员。

CSS3 是 CSS 技术的最新版本,CSS3 语言向模块化方向发展,CSS3 把之前版本的 CSS 分解成一些较小的模块,同时也加入了更多新的诸如盒模型、列表、文字特效等模块。利用 CSS3 可以更好地控制网页的显示效果,使网页更加美化,以达到最佳外观效果。

2. 服务器端技术

互联网应用程序的服务器端主要指的是 Web 服务器,主要作用是返回客户端所需要的页面,通常 Web 服务器架设在云端,发布后应用程序安装在 Web 服务器上。主要应用到的技术有 ASP. NET、SQL Server、IIS。

(1)ASP. NET 技术。ASP. NET 是微软 *. NET 框架的一部分,是一种用于创建动态网页的服务器端技术。ASP. NET 常使用 C#作为开发语言。ASP. NET 能够在服务器上生成任意文件,不仅功能十分强大,其适应性、可拓展性、安全性也较之前的版本有很大提升。主要具有以下特点:

①开发环境优异,其可在 Visual Studio 平台下进行开发,提供了大量的服务器控件,可视化程度强。

②运行效率高,应用程序在服务器上运行的是经过编译的 CLR 代码,当用户运行程序时免去了及时编译解释的过程,运行效率大幅提高。

③扩展性强,支持开发者安装插件,且其任何组件都可以被扩展或替换。

④客户端代码与服务器端代码分离,客户端更注重交互利于快速响应,服务器端更注重数据利于架构稳定。

⑤ASP. NET 的编程平台与 SQL Server 具有天然的兼容性,有利于与数据库建立联系,更好地管理数据。

(2) SQL Server 数据库技术。SQL Server 数据库是 Microsoft 公司推出数据库技术。数据库技术主要用来存储数据,以及处理和获取数据。数据库安装在远程服务器,运用 SQL 对数据库进行操作。SQL 全称为 Structured Query Language,即结构化查询语言,是标准的数据库语言,应用 SQL 命令可以完成对数据库的所有操作。SQL Server 的优势体现在处理数据效率高、开发灵活以及可扩展性强等方面。主要具有以下特点:

①数据安全,SQL Server 在部改动应用程序的情况下可以对数据库、数据文件以及日志文件进行加密,以防止未授权用户的访问。

②数据可靠,SQL Server 提供了强大数据备份、镜像服务,确保了数据的可靠性。

③可视化编辑,数据库的管理更加简单、直观。

④与 ASP. NET 具有天然的兼容性,可以很容易地获取数据库中的数据并显示在网页上。

⑤操作简单,SQL 简单易学,使用方便。本书中应用的版本为 SQL Server 2008。

(3) IIS 技术。IIS(Internet Information Services)即互联网信息服务,是一种 Web 服务组件,主要包括 Web 服务器、FTP 服务器、SMTP 服务器,分别用于网页浏览、文件传输、邮件发送等方面。IIS 主要作用是将开发完成的互联网应用程序发布为 Web 站点。首先要在远程服务器中配置 IIS 服务,新建应用程序后即可通过服务器的域名访问网页进入互联网应用程序。用户只需配置一次 IIS 服务,之后发布应用程序只需替换原来的文件夹,提高了发布网页的效率。

应用 IIS 技术发布网站,具有以下特点:

①方便快捷,IIS 本身是 Windows 的一个组件,便于操作。

②配置简单,IIS 具有良好的封装和优化。

③安全性高,IIS7 在安全性能方面得到大幅度提升,能够抵御异常攻击。

3. 互联网扩展技术

在开发互联网应用程序的过程中,也应用了一些其他互联网的扩展技术,诸如 AJAX、JSON 等。这些技术用于辅助系统的开发,并不是应用的主要技术,但也起到了重要的作用,如局部刷新、定义对象等。

(1) AJAX 技术。AJAX(Asynchronous Javascript And XML)即异步 JavaScript 和 XML,是一种开发交互式互联网应用的网页开发技术。AJAX 的核心技术是在不重新加载这个页面的情况下能够刷新网页局部的内容,这样免去了网页更新某个内容需要重新加载页面的步骤,提高了网页运行效率,更提升了用户的操作体验。局部刷新主要通过 XMLHTTPRequest 对象实现,通过此对象可以使网页在不重载的状态下就能从 Web 服务器中交换数据,同时使用异步数据传输,更提高了信息的交换速率。

(2) JSON 技术。JSON(JavaScript Object Notation)即 JS 对象标记,是基于 JavaScript 中的 ECMAScript 的一个子集,是一种轻量级的数据交换格式,采用独立的语言表示和存储数据,在利于开发人员编写的同时,也有效提高了网络的传输效率,也更利于编译和解析。JSON 常采用键/值对的形式定义对象,因此可以用来定义结构数组。形式如下:

var json = {

"key1" : value1,

"key2" : value2

}

这样定义对象,代码容易管理,且占用内存小,传输方便。

二、互联网横编 CAD 系统架构设计

互联网横编 CAD 系统架构基于 B/S,分为设计层、处理层和存储层三个层次,以下将对架构的模式和每一层次的具体作用进行说明。

1. B/S 架构

B/S(Browser/Server)架构即浏览器/服务器架构,区别于 C/S(Client/Server,客户端/服务器)架构,B/S是互联网应用程序所采用的开发架构,如图 4-2-1 所示,它的客户端是标准的浏览器,服务器端是标准的 Web 服务器,服务器响应客户端各种请求的同时与数据库服务器连接。

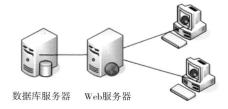

数据库服务器　　Web服务器

图 4-2-1　B/S 架构

通常,B/S 分为三层。第一层为客户端的浏览器,用来连接用户与系统,系统通过浏览器的网页显示,具有交互功能的网页还可以采集用户的指令并将信息传给服务器。第二层是 Web 服务器,Web 服务器在接收到客户端传来的指令后运行相应的进程处理这些信息,并将结果返回给客户端的浏览器,当客户端的处理请求包含数据库操作时,Web 服务器还会向数据库服务器发出指令。第三层是数据库服务器,接受 Web 服务器发送的 SQL 请求,执行命令后将结果返回给 Web 服务器。B/S 作为互联网应用程序具有以下优势:

(1)简化了客户端,客户端上只需安装浏览器,免去了安装各种客户端应用程序,节省了硬盘空间和内存。客户端只有一个浏览器,这样就使得用户在使用系统的时候增加了灵活性,无论何时何地都可以通过电脑或者移动终端的浏览器编辑和查看产品数据。

(2)简化了系统的开发和维护,系统安装在 Web 服务器上,当系统需要更新时只需在 Web 服务器上重新发布即可,不仅使用户免去了系统每次更新升级时还要再次安装的烦恼,开发人员也减少了维护的麻烦。

(3)简化了用户操作,区别于单机系统,用户不需或只需接受简单的培训即可熟练掌握系统,系统基于浏览器,因此开发人员在开发系统时简化了系统的操作,只需少量的交互命令就可以实现复杂的功能。

因此本系统选择 B/S 架构作为开发模式,用户通过浏览器访问 Web 站点使用系统,并且不受位置、时间的限制。

2. 互联网横编 CAD 架构

如图 4-2-2 所示,本系统架构遵循 B/S 架构,在传统的"客户端浏览器—Web 服务器—数据库服务器"的基础上分为三层:第一层为基于 PC、手机等各种客户端的设计层;第二层为基于 Web 服务器的处理层;第三层为基于数据库服务器的存储层。这样的架构具有将数据的逻辑处理与数据的显示分离、易于交互、可扩展性强等特点。

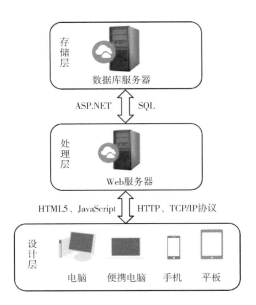

图 4-2-2 系统架构图

(1)设计层。本层主要由用户和客户端浏览器组成,客户端浏览器可以是 PC 浏览器、手机浏览器或者平板浏览器。浏览器作为用户与系统对话的窗口,负责采集用户的各种交互指令,这些指令通过 HTML5 和 JavaScript 技术响应。用户在客户端浏览器上使用本系统进行各种横编针织物的设计时,可进行花型绘制与工艺编辑,当花型设计完成后,浏览器会通过 HTTP 与 TCP/IP 协议向 Web 服务器传输数据,同时接受 Web 服务器返回的数据,将结果展示给用户。

(2)处理层。本层由 Web 服务器组成,本系统的 Web 服务器架设在云端,由阿里云提供。Web 服务器在接收到客户端发送的数据后开始执行相关函数进行一系列处理,在本系统中包括提花编辑、工艺编辑、花型编译、文件生成等数据处理相关的内容,在服务器端执行,处理的结果通过 HTTP 回传给客户端。如传给服务器的指令中包含数据库操作的指令,服务器还会通过 SQL 语句与数据库服务器连接。本层程序通过 ASP. NET C#开发,主要实现了不同层中数据处理和数据格式的解析、转换与传递。

(3)存储层。本层由数据库服务器组成,本系统的数据库服务器通过 SQL Server 数据库技术构建。本系统将设计的所有横编针织物的所有信息存储在数据库中,接收来自 Web 服务器的指令对数据进行操作,包括存储(insert)、更新(update)、删除(delete),操作完成后将结果返回给服务器。本层具有很好的数据安全性和数据备份功能,保证了用户数据的完整。

三、互联网横编 CAD 系统功能设计

互联网横编 CAD 系统的设计目的是为了完成横编针织物的在线设计、生成上机文件完成生产以及数据的存储,横编针织物的主要设计流程如图 4-2-3 所示,主要经过花型设计、提花编辑和成形设计等过程,因此根据设计流程可将系

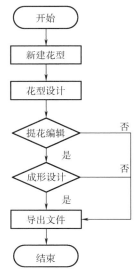

图 4-2-3 横编针织物设计流程图

统的主要功能分为四个模块,如图 4-2-4 所示,包括织物设计模块、工艺设计模块、数据输出模块和数据库模块。

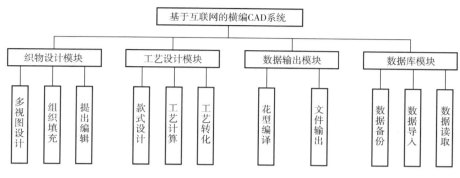

图 4-2-4　系统功能示意图

1. 织物设计模块

织物设计模块主要是对花型区域设计,包括了多视图设计、组织填充和提花编辑,涉及的内容主要与网络交互设计相关,在浏览器上采集用户的设计指令,根据用户的意愿设计织物。织物设计从新建花型开始,新建花型时选择机型、花高、花宽、起头等参数。设计时首先进入花型意匠视图,可以随时切换至工艺编织图与线圈结构图,三种视图均可进行花型编辑,但是略有区别,以不同的形式表达花型。每个视图都具备基本的绘图工具,可便捷地对花型进行编辑,而且可以进入组织库选择组织添加到花型中。在设计完花型后,可根据不同的需求选择提花类型与提花区域进行提花编辑,可进行整体提花或者局部提花。

2. 工艺设计模块

工艺设计主要是成形工艺的设计,包括款式设计、工艺计算和工艺编辑。成形工艺的设计从款式设计开始,系统自带的款式库中包含了几种典型款式,每种款式都有对应的标准规格数据,用户可根据标准规格数据进行编辑,完成款式设计。工艺计算则根据设计好的款式号进行成形工艺计算,最终获得所有衣片的成形数据,然后对成形数据进行工艺编辑,转换为工艺信息。

3. 数据输出模块

数据输出主要指上机文件的输出,输出上机文件是设计横编针织物的目的,在输出上机文件之前,要进行花型编译,花型编译的目的是完善编织并发现花型程序化错误的地方,在检验过程中若有误,则停止编译并提示错误原因,编译完成后可根据需要导出电脑横机的上机文件,本系统可导出德国 STOLL 横机的上机文件。

4. 数据库模块

数据库主要是存储和调用产品设计过程中的数据以及设计完成后的数据,设计过程中用到的数据库有款式库、组织库等,设计完成后用的数据库为产品库。本模块采用云端数据库,数据库中的内容随时随地可以取用,也是区别于单机横编 CAD 系统的特征之一。图 4-2-5 所示为数据查询示意图,当用户在查找产品时,互联网横编 CAD 系统向服务器发送 HTTP 响应,服务器发送指令查询数据库数据,若数据库中存在数据则返回给服务器,不存在数据则不返回,服务器发送 HTTP 响应给用户,用户即可得到所查找产品的所有数据。数据库模块一直贯彻于产品设计的每一个环节,设计过程中有需求就可以进入数据库进行查询。此外,数据库还包含用户数据库,用于用户登录系统时验证用户名与密码。

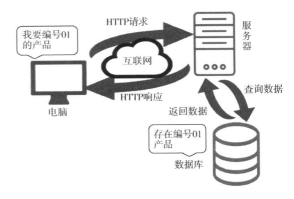

图 4-2-5 数据查询示意图

四、互联网横编 CAD 系统界面设计

系统的界面遵循横编设计习惯,参考现有的横编 CAD 系统,设计如图 4-2-6 所示的界面效果。

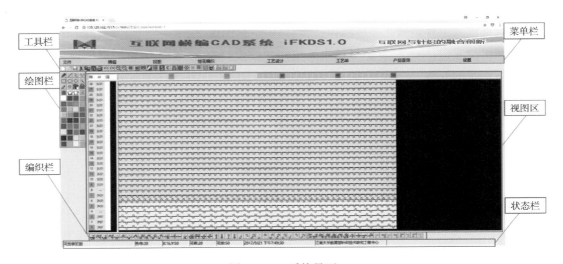

图 4-2-6 系统界面

(1)菜单栏。主要提供对产品信息的编辑和视图的切换,以及进入产品数据库等功能。在文件选项中包括导出文件、导入数据库、导入文件等选项;在编辑中包括原料编辑、起头编辑、循环编辑等;视图选项中进行不同视图的切换;提花编织中可以选择提花方式;工艺设计可进入产品信息录入页面;工艺单为显示产品工艺单;产品查询进入产品数据库;设置选项可以更改登录方式。

(2)工具栏。主要为方便花型设计所设的按钮栏,有撤销和恢复、放大和缩小、显示/关闭网格、显示/关闭织针动作等功能。

(3)绘图栏。主要为绘图工具和颜色板,绘图工具包括直线、矩形、椭圆、填充、换色、包边等,颜色板一共 36 种,对应纱线颜色。

(4)编织栏。为织针的编织动作,一共 54 种,分别对应不同的编织信息。

（5）状态栏。主要显示当前的操作信息,有所处视图、色号、坐标、花高、花宽、时间等。

（6）视图区。为花型设计区,如图 4-2-7 所示,由四部分组成,分别显示参数种类、参数信息、针位、工艺点信息,每一部分对应一个画布,切换不同视图,显示不同内容。

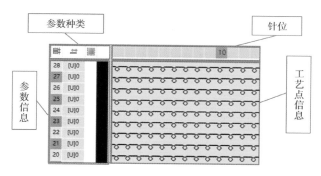

图 4-2-7　视图区

第三节　互联网横编 CAD 系统功能实现

使用 Microsoft 公司的 Visual Studio 2015 作为开发平台,基于 ASP. NET,前台使用 HTML5、JavaScript 开发,后台使用 C#语言开发,Web 服务器由阿里云提供,数据库使用 SQL Server 设计。下面将对本系统功能的主要实现方法进行介绍,并以两种产品的设计为例进行功能的使用说明。

一、织物设计模块的实现

织物设计多为交互操作,因此大多内容在客户端,主要依靠 HTML5 和 JavaScript 实现。织物设计要不断对视图区域进行操作,视图区域由 HTML5 中的<Canvas>提供,因此本模块内容的实现主要是对<Canvas>的操作。

1. 多视图设计

花型意匠图、编织工艺图和线圈结构图三个独立的视图组成多视图设计,如图 4-3-1 所示的 1×1 绞花组织,(a)为花型意匠图,(b) 为编织工艺图,(c)为线圈结构图。三种视图在运行时为单独显示、统一变化的模式,即当前只显示一个视图,当对其进行操作时,其他视图也随之变化。三种视图有共性,也有区别,三种视图都可以表达所设计的产品,花型意匠图可以直观地表达花型,编织工艺图表达的是织物的编织过程,线圈结构图则反映线圈间的串套关系。三种视图的实现方法相似,都是在<Canvas>所形成的画布上进行贴图,下面分别介绍每个视图的实现方式。

（1）花型意匠图。花型意匠图是为了直观表达用户所设计的花型,其高度为花高,宽度为花宽,花高为正面线圈横列数,花宽为编织所用到的最大针数。如图 4-3-1(a)所示,花型意匠

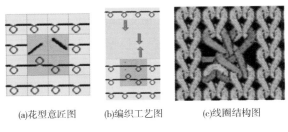

(a)花型意匠图　　　(b)编织工艺图　　　(c)线圈结构图

图 4-3-1　多视图设计

图的基本单元是带有符号和颜色的方格,一般情况下,方格中的符号表示编织动作,颜色表示纱线信息。整个花型意匠图的信息可以用式(4-1)的二维矩阵 P 定义,其大小为 $h×w$,h 为花型行高度,w 为花宽。因此在实现花型意匠图的绘制时,要先绘制图元,然后再在相应的位置贴图。

①图元绘制。花型意匠图每个点的信息由编织动作和纱线颜色组成,因此图元的绘制要包含这两种信息,如图 4-3-2 所示,编织动作由矩阵中的 $K_{i,j}$ 确定,纱线颜色由 $C_{i,j}$ 确定,$K_{i,j}$、$C_{i,j}$ 的取值见表 4-1-2 和图 4-1-11,编织动作与纱线颜色组合之后就是花型意匠图的图元。绘制图元时用的是"离屏 Canvas",所谓"离屏 Canvas"就是不显示在屏幕上,只作为辅助画布使用。图元在"离屏 Canvas"上绘制好后,再将"离屏 Canvas"上的图像绘制到花型意匠图的画布上。

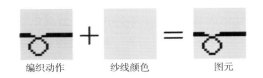

编织动作　　　　纱线颜色　　　　图元

图 4-3-2　绘制图元

编织动作是一个个事先准备好的图片,绘制图元的过程就是将表示编织动作的图片的底色换掉。首先要将编织动作绘制到"离屏 Canvas"上,在<Canvas>上画图时用到 drawImage(image,x,y)方法,其中参数 image 是调用的图片,x、y 为在画布上绘制纺织图像的横坐标和纵坐标。但是在调用一张图片时,图片加载时异步,也就是说图片还没有加载的时候 drawimage( )就被执行了,这样会造成图片无法显示的现象。因此在页面加载时就先将图片预加载,可以有效避免这个问题,同时还可以提高视图的显示速度,图片预加载代码如下。

图片预加载方法:

```
function loadImages( sources,callback ) {
var count = 0,
images = { },
imgNum = 0;
for ( src in sources ) {
    imgNum++;
```

```
            }
        for ( src in sources ) {
        images[ src ] = new Image( ) ;
        images[ src ]. onload = function ( ) {
            if ( ++count > = imgNum ) {
        callback( images ) ;
            }
            }
        images[ src ]. src = sources[ src ] ;
        }
        }
```

其中,sources 为图片地址数组,可以一次加载多张图片,将其存在 images 中。

在对其进行换色处理时,首先要获取整个图像中每个像素的 RGB 信息,属于底色像素要更换 RGB 值,属于动作部分的像素 RGB 值则不变,如图 4-3-2 所示的编织动作,位于黑色线条上的像素属于动作部分,RGB 值不变,而位于灰色背景上的像素要变为相应的纱线颜色。在 <Canvas>中对像素进行操作要用到 getImagedata( )方法,得到图像的 Imagedata,Imagedata 是一个一维数组,每四个数表示一个像素点,分别为 R、G、B、A 值,其中 A 值为透明度,此处不做改变。换色处理要逐一对 Imagedata 进行判断,以更换图中的颜色为例,具体代码如下。对 Imagedata 完成处理后,使用 putImagedata( )方法将 Imagedata 重新画到画布上,至此,花型意匠图的基本图元准备完毕。

图元换色方法:
```
        imagedata = context1. getImageData( 0, 0, 24, 24 ) ;
        for( var i= 0,n =imagedata. data. length;i<n ;i+ =4) {
        if(imagedata. data[ i+0]! =0 && imagedata. data[ i+1]! =0 && imagedata. data[ i+2]! =0) {
            imagedata. data[ i+0] = 249;
            imagedata. data[ i+1] = 220;
            imagedata. data[ i+2] = 134;
            }
            }
```

context1. putImageData(imagedata,0,0) ;

②图元贴图。图元准备好后要贴到主画布的指定位置,画布的左顶点为坐标原点,由坐标原点向右横坐标依次增大,向下纵坐标依次增大,在贴图时根据花高 h 与花宽 w 以及图元的高度 gh 与宽度 gw 进行坐标计算,如花型行第一行第一列的位置,其在视图最下方,纵坐标应为 $(h-1)×gh$,横坐标为 0,确定的坐标点为贴图的左顶点。具体实现代码如下。

花型意匠图顺序贴图:
```
        for ( var j = 1 ; j < = h ; j++) {
```

```
for ( var k = 1; k <= w; k++) {
    makeimage( ka[ j ][ k ], ca[ j ][ k ],1);
    context. drawImage( canvas1, 0, 0, 24, 24, ( h - k ) * gw, ( j - 1 ) * gh, gw, gw);
  }
}
```

③花型意匠图的其他显示方式。花型意匠图还具有丰富的显示方式,如图 4-3-3 所示,(a)为花型意匠图的主要显示方式,以编织动作和纱线颜色作为图元;(b)为关闭编织动作后的显示,隐藏了编织动作,花型图案辨识度更高;(c)为以纱线颜色作为符号颜色显示,能够较直观地表达线圈颜色;(d)为以模块色作为背景色显示,常用于显示结构花型;(e)为以前后针床的密度作为背景色显示,每个单元的上半部分表示后针床密度,下半部分表示前针床密度,能直观反应前后针床密度信息。(f)为以提花符号作为动作,纱线颜色作为背景色显示,能够直观显示提花类型。

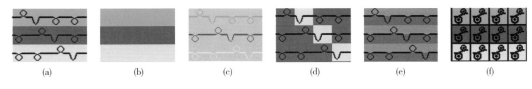

(a)   (b)   (c)   (d)   (e)   (f)

图 4-3-3　花型意匠图的显示方式

④特殊符号。花型图为了表达一些特殊含义,为了更清晰直观地表达,会采用一些特殊符号。第一种是为了表达提花方式而设的提花符号,第二种是表达组织变化的组织符号,第三种是表达成形织物边缘信息的成形符号。

a. 提花符号。提花符号可以清晰表达织物中哪些区域采用哪种提花方式,提花符号对应的提花方式见表 4-3-1。

表 4-3-1　提花符号及意义

序号	提花符号	提花方式	序号	提花符号	提花方式
1		浮线提花	4		芝麻点提花
2		横条提花	5		空气层提花
3		竖条提花			

　　b. 组织符号。在横编组织中,线圈经常在前后针床之间转移,而在花型意匠图中很难看出线圈移圈的组织效果,因此加入组织符号可以清晰地看出线圈在组织中的变化情况,组织符号具体代表意义见表 4-3-2,其中 5 与 6、7 与 8 成对出现,常用于表示绞花组织。

表 4-3-2　组织符号及意义

序号	组织符号	意义	序号	组织符号	意义
1		前针床线圈向左移圈	5		线圈向右移圈且位于下层
2		前针床线圈向右移圈	6		线圈向左移圈且位于上层
3		后针床线圈向左移圈	7		线圈向右移圈且位于上层
4		后针床线圈向右移圈	8		线圈向左移圈且位于下层

　　c. 成形符号。花型意匠图可以用来表示成形织物的轮廓形状,而轮廓的边缘常设置一些组织来表述不同的成形工艺和边缘信息,成形符号可以清晰表达边缘组织类型,具体含义见表 4-3-3。

表 4-3-3　成形符号及意义

序号	成形符号	意义	实例
1		收放针	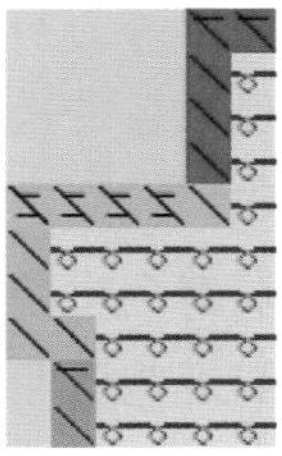
2		衣片边缘	
3		拷针	
4	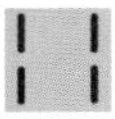	局部编织	

　　(2)编织工艺图。编织工艺图显示的是每一行工艺行的编织信息,能够清晰地表达织物的编织过程。横编织物在编织时往往一行花型行对应多行工艺行,编织工艺图就是在花型意匠图的基础上分解后的视图,反应的是每一行工艺行上的编织动作和纱线颜色,所以整个工艺编织图的信息依然用式(4-2)的二维矩阵 K 定义,其大小为 $h \times w$,h 为工艺行高度,w 为花宽,具体实现方式与花型意匠图类似,先创建图元再进行贴图。但有所区别的是绘制无纱线编织的织针动作时,不需要以纱线颜色作为背景色,因此可以直接贴图,表 4-3-4 所示为无纱线编织的织针动作符号。

表 4-3-4　无纱线编织的织针动作符号

序号	编织动作	意义	序号	编织动作	意义
1		前针床线圈移圈至后针床	9		后针床沉圈
2		后针床线圈移圈至前针床	10		前、后针床沉圈
3		前针床线圈自动移圈至后针床	11		前针床脱圈/后针床沉圈
4		后针床线圈自动移圈至前针床	12		前针床沉圈/后针床脱圈
5		前针床脱圈	13		前针床不脱散脱圈
6		后针床脱圈	14		后针床不脱散脱圈
7		前、后针床脱圈	15		前、后针床不脱散脱圈
8		前针床沉圈			

　　在对花型意匠图操作时,编织工艺图也会随之变化,但花型行与工艺行往往是不对应的,尤其是在编辑提花或者组织结构发生变化的时候。在由花型意匠图切换至编织工艺图时,一行花型行会被分解为多行工艺行,变化前的编织工艺图数组要进行加行才能匹配变化后的花型意匠图。对于数组的操作一般在后台进行,通过 C#中的泛型列表<list>定义数组,可以方便地进行加行操作。但在进行交互设计时,为了减少后台的计算量,通过 JavaScript 语言中的 splice( )方法在前端就会将数组加行,可以加快视图之间的转换速度。

　　编织工艺视图中除了每一工艺行的编织信息外,还应包含一些工艺信息,如机头方向、系统等,这类信息是编织工艺行必不可少的控制信息,通过显示这些信息可以帮助操作者理解编织过程。如图 4-3-4 所示,这些信息不显示在编织图上,而是通过另一块画布显示在编织图的左侧,这些参数信息从左到右依次表达的是工艺行号、花型行号、机头方向、系统号、牵拉、机速、前针床密度、后针床密度、循环、纱嘴、针床位置。以第 21 行工艺行为例,它对应的第 5 行花型行,通过机头中的第二系统从左向右编织,牵拉值为1,机速为4,前后针床的密度均为22,并执行第24 组循环,导纱嘴为右边第 7 个,针床位置处于针对针对位。

　　在表达这些参数信息时,同一种信息常以不同的背景色区分不同的数值,如机头方向由左向右背景色为绿色,由右向左背景色为紫色。因此在绘制时,先根据参数信息的数值确定背景色,然后在相应的位置填写数值,具体代码如下。

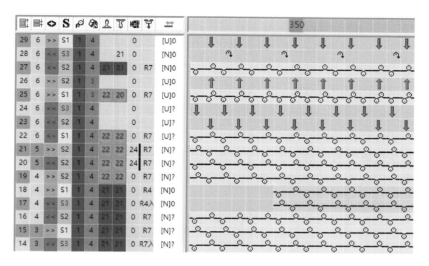

图 4-3-4　编织工艺图

参数信息的绘制：

```
switch(fun2[5][j]){
case 0:
context.fillStyle = 'rgb(215,215,215)';
context.fillRect(2 * 24,(h - j) * gw,24,gw);
var text = "    ";
context.fillText(text,12 + 2 * gw,(h - j) * gw + 10);
break;
case 1:
context.fillStyle = 'rgb(200,0,200)';
context.fillRect(2 * 24,(h - j) * gw,24,gw);
var text = "<<";
context.fillText(text,12 + 2 * gw,(h - j) * gw + 10);
break;
case 2:
context.fillStyle = 'rgb(120,255,120)';
context.fillRect(2 * 24,(h - j) * gw,24,gw);
var text = ">>";
context.fillText(text,12 + 2 * gw,(h - j) * gw + 10);
break;
}
```

（3）线圈结构图。线圈结构图既可以表达花型,也可以表达线圈的编织过程。线圈结构图同样采用贴图的方法,为了显示线圈间的串套关系,与其他视图有区别是采用透明分层贴图的方法,其使用的数组与编织工艺图相同,在绘制时,花型行对应的工艺行将画在同一位置,前后针床的编织以织物正、反面视图区分。但线圈之间的串套关系复杂多变,线圈会受其相邻线圈的影响产生变化,因此要先进行图元判断,有了图元之后要对图元进行换色处理,最后执行分层贴图,即可完成线圈结构图的绘制。

①图元判断。采用贴图法进行绘制,最重要的就是要确定图元。线圈是横编针织物的基本单元,因此绘制线圈结构图的图元就是最基本的编织线圈。线圈在织物中是复杂多变的,为了能准确反映线圈在织物中的形态,在确定了基本编织线圈后,再判断相邻线圈的编织状态,最后判断针床位置来确定图元,图元判断的基本流程如图 4-3-5 所示。

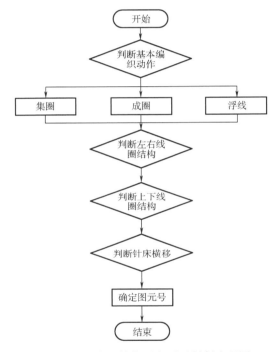

图 4-3-5　线圈结构图中图元判断流程图

在对线圈结构图图元进行判断时,要先判断编织动作,每种基本编织动作都对应一个线圈图元,图 4-3-6 所示为基本编织动作的图元。

(a)集圈图元　　(b)成圈图元　　(c)浮线图元

图 4-3-6　线圈结构图基本编织动作图元

线圈在与左右相邻线圈连接时,会受到相邻线圈的影响,图 4-3-7 所示的是成圈与成圈、成圈与集圈、集圈与集圈相连的形态变化,由于左右相连接的线圈不同,线圈局部也就在连接处发生了变化,这种变化与线圈间真实受力相似,但在真实受力情况下,集圈与集圈相连的组合中集圈受力而被拉直,在线圈结构图中之所以这样显示是为了区别集圈与浮线。

(a)成圈与成圈相连　　(b)成圈与集圈相连　　　　(c)集圈与集圈相连

图 4-3-7　左右相邻线圈的不同引起的线圈形态变化

线圈形态还会受到其位置上下相邻线圈的影响。如图 4-3-8(a)所示,当前位置线圈在下一行编织时不成圈,则会呈现拉长的形态。图(b)所示为当前位置线圈在编织时,前一行的线圈转移了,在此位置没有旧线圈,因此会呈现出集圈形态。

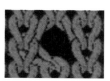

(a)下一行线圈不编织　　(b)前一行线圈转移

图 4-3-8　上下相邻线圈的不同引起的线圈形态变化

移圈时线圈的形态也会发生变化。线圈移圈是因为针床横移引起的,因此也要对针床的横移进行判断,包括横移的方向和横移的针数,图 4-3-9 所示为针床横移引起的线圈形态变化。移圈也会引起其他线圈的结构变化,图 4-3-10 为正常判断图元后的贴图效果,理论上为图 4-3-10(a)中未形变的绞花形态,但实际情况是,向左移圈的线圈会因为其左邻线圈的不编织状态而带动其前一个线圈向左偏移,如图 4-3-10(b)所示,因此在判断移圈图元时要考虑可能会引起形变的情况。

(a)线圈左移圈一针(b)线圈右移圈一针　(c)线圈左移圈两针　　(d)线圈右移圈两针

图 4-3-9　针床横移引起的线圈形态变化

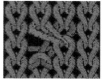

(a)未考虑形变的绞花　　(b)考虑形变后的绞花

图 4-3-10　移圈引起相邻线圈形态变化

②换色处理。线圈结构图需反映出不同的纱线颜色,因此应根据数组 F 中的颜色对图元进行换色处理,与花型意匠图的绘制图元相似,也是通过"离屏 Canvas"进行处理。但不同的是花型意匠图的背景色为纯色,而线圈结构图的图元中线圈部分因具有一定的纹理而包含了多种颜色,因此在换色时不能统一更换为一种颜色,而是要采取灰度处理的方法。灰度处理是先求出颜色灰度值,灰度值公式如式(4-5)所示,式中 R、G、B 分别为对应 RGB 十进制中的 R 值、G 值和 B 值,Y 为灰度值,取值为 0~255。然后将灰度值与目标颜色的 RGB 结合,即可得到新颜色的图元,图 4-3-11(a)为原始图元,(b)(c)为换色后的图元。

$$Y = 0.299\,R + 0.587\,G + 0.114\,B \tag{4-5}$$

考虑到正面与反面线圈在织物中的明暗变换,在换色的基础上要对其进行明暗处理,图 4-3-12 所示的正面线圈为正常实现,反面线圈则会呈现较暗的状态。实现的原理与换色相似,将换色后的 RGB 中的 R 值、G 值和 B 值统一乘以一个系数,系数小于 1 为变暗,系数大于 1 为变亮。

(a)原始图元   (b)更换为31号色的图元   (c)更换为2号色的图元

图 4-3-11 图元换色处理

图 4-3-12 正反线圈亮度变化

③分层贴图。图元经过选择与处理之后进行贴图,如果直接贴图会造成如图 4-3-13(a)所示的效果,无法显示出线圈的串套关系。若要实现线圈间的串套连接,如图 4-3-13(b)所示,需将图元进行分区然后分层贴图。

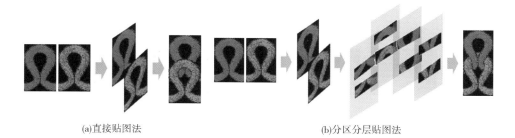

(a)直接贴图法   (b)分区分层贴图法

图 4-3-13 两种贴图方法的比较

图元的分区是依据线圈的结构进行划分的,一共分为四个区,依次为编织弧、圈柱上半部分、圈柱下半部分、沉降弧,每个区都分别处在一个独立的图层中,按照图层的顺序进行贴图。图 4-3-14 所示为以前针床成圈为例,(a)为图元的分区分层示意图,(b)~(e)为依次绘制的图层效果。

(a)图元分区分层　　(b)绘制图层1　　(c)绘制图层2　　(d)绘制图层3　　(e)绘制图层4

图 4-3-14　成圈线圈的图元分区与分层贴图步骤

图层的顺序跟线圈的串套关系有关,图 4-3-12 可以看出当前针床与后针床线圈连接时线圈的串套关系发生了变化。除了图 4-3-14 所提到连接方式,还有如图 4-3-15(a)(b)(c)所示的前后针床成圈线圈连接方式引起的图层变化。

(a)后针床线圈接后针床线圈　　(b)前针床线圈接后针床线圈　　(c)后针床线圈接后针床线圈

图 4-3-15　不同成圈线圈的图层

集圈、浮线、移圈图元的分区分层方法与成圈相同。如图 4-3-16(a)(b)所示,由于编织集圈或浮线会使前一行成圈的线圈拉长,在对拉长线圈进行贴图时,要重新划分线圈区域,图 4-3-16(c)为拉长线圈图元,图 4-3-16(d)为拉长线圈的分区示意图,拉长线圈被分为五个区域,其中 1、2、4、5 区对应普通图元的四个区域,拉长的部分定义于第 3 区,在贴图时,第 3 区与第 2 区位于同一图层。同理,被拉长的集圈、移圈也适用此方法。

(a)集圈引起的　　(b)浮线引起的　　(c)图元　　(d)拉长线圈
　拉长线圈　　　　拉长线圈　　　　　　　　　分区

图 4-3-16　被拉长线圈的表示

2. 组织填充

目标组织与大身组织无异,具有工艺信息和参数信息,除此之外还有组织花型高度、组织工艺行高度和组织针数。因此要定义一个数组用来存放目标组织,具体定义方式见以下代码。

组织填充数组的定义:

```
var zuzhi = new zzStruct( );
function zzStruct( ) {
this. n = 0;//组织号
```

```
        this.h = 0;//组织花型行高
        this.w = 0;//组织花型行宽
        this.H = 0;//组织工艺行高
        this.k = zuzhic;//组织花型动作
        this.c = zuzhik;//组织花型颜色
        this.k1 = zuzhik1;//组织工艺行动作
        this.c1 = zuzhic1;//组织工艺行颜色
        this.f = zuzhif;//组织参数动作
    }
```

　　如图 4-3-17 所示,在进行组织选择时,提供四种类型的组织,包括挑孔、结构、绞花和组织库,其中组织库是用户自定义的组织,将在数据库模块详细介绍。挑孔、结构、绞花库中涉及组织变化比较多,一行花型行往往对应多行工艺行,因此在组织填充时,需要根据组织的工艺行来增加行,图 4-3-18 所示为组织填充前后三种视图的变化,在花型意匠图中填充两个挑孔组织后,工艺编织图需要增加四行。

图 4-3-17　选择组织对话框

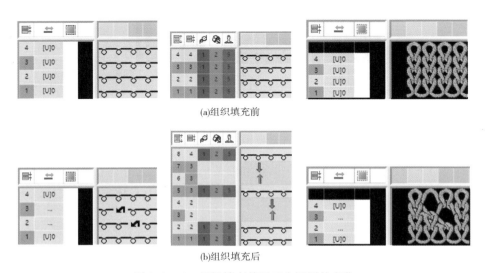

(a)组织填充前

(b)组织填充后

图 4-3-18　组织填充前后三个视图的变化

在进行填充时,从鼠标点击的位置开始填充,此位置点的坐标记为(currenti, currentj),currenti 为鼠标所处的花型行,currentj 为鼠标所处的列。然后将组织花高、花宽内的信息赋给底组织的花型意匠图,组织中每一行花型行对应一行或多行工艺行,当对应多行工艺行时,要与底组织填充组织处的工艺行进行比对,如组织的第一行花型行对应两行工艺行,原底组织填充位置处第一行花型行只对应一行工艺行,此时要在底组织上插入一行工艺行。插入工艺行后将组织工艺行高、宽内的信息赋给底组织的编织工艺图,然后对填充后的区域进行判断,当行属性相同时可以合并为一行,一般这种情况针对翻针行,但每行横移针数不同时不能合并,合并后删除多余行。组织填充的流程如图 4-3-19 所示。

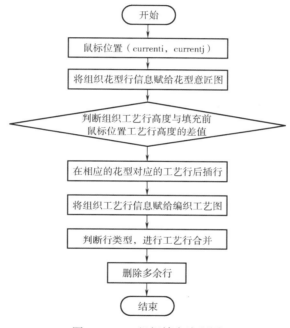

图 4-3-19　组织填充流程图

3. 提花编辑

提花是先在花型意匠图中绘图或导入图片,然后选择提花区域与提花方式,即可得到提花后的工艺,同时三种视图也均对应变化,如图 4-3-20 所示。根据第二章提到的提花分类方式,

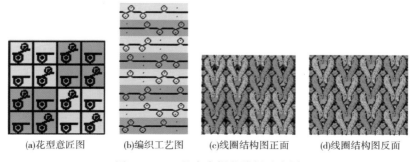

(a)花型意匠图　　(b)编织工艺图　　(c)线圈结构图正面　　(d)线圈结构图反面

图 4-3-20　芝麻点提花编辑示意图

(a)通过菜单选择提花　(b)通过右键选项选择提花

图 4-3-21　提花编辑选择方式

本系统在实现提花编辑过程选择了其中两种方式作为选择,一种是整体提花与局部提花,另一种是选择反面提花组织。一般先选择整体或局部提花,再选择提花类型。整体提花是对整个底组织进行提花编辑,局部提花是在选择区域内进行提花编辑,为区分两者操作,如图 4-3-21 所示,整体提花通过菜单选项执行,局部提花通过鼠标右键选项执行。

鼠标右键菜单通过 HTML5<ul>标签实现,<ul>为无序列表标签,通过 CSS 可以将其设计为菜单的样式,再通过 JavaScript 设计其显隐形式。但由于系统基于浏览器运行,进行鼠标右键选项时,会首先响应浏览器鼠标右键事件,因此要先屏蔽浏览器的右键菜单弹出,可通过 document. oncontextmenu = function (ev) {return false;}实现,同时也将右键菜单限定在主视图区域中,即只响应画布内的鼠标右键事件。右键菜单的定义、样式与实现代码见以下程序。

右键菜单的实现:

CSS:

#ul1{ width:130px; height:344px; padding:10px 3px; background:#fff; border:#ACA899 1px solid; display:none; position:absolute; left:0;top:0;}

#ul1 li { width:130px; height:28px; line-height:28px; font-size:14px; border-bottom:#ACA899 1px dashed; text-align:center; list-style:none}

#ul1 li:hover{ background:#316AC5}

HTML5:

<ul id="ul1">

<li>浮线提花</li>

<li>横条提花</li>

<li>竖条提花</li>

<li>芝麻点提花</li>

<li">空气层提花</li>

</ul>

JavaScript:

var ul = document. getElementById("ul1");

document. oncontextmenu = function (ev) {

　　var ev = ev || window. event

　　var l = ev. clientX

```
        var t = ev. clientY
        ul. style. display = "block"
        ul. style. left = l + ´px´
        ul. style. top = t − 16 + ´px´
        return false;
    }
    document. onclick = function ( ) {
        ul. style. display = "none"
    }
```

进行局部提花时要选择区域,选择区域时要标记选择区域的起始花型行 j_1、结束花型行 j_2 和起始工艺行 J_1、结束工艺行 J_2。然后对区域内颜色进行判断,根据选择的提花类型进行分解,需要注意的是在进行浮线提花时,浮线长度超过 4 针时要添加集圈。

区域选择在花型意匠图上进行,通过 Canvas 的鼠标事件完成,要经过:mousedown、mousemove、mouseup 三个过程。mousedown 确定区域选择的起点,也就是 $j1$;mousemove 确定鼠标移动时经过的区域;mouseup 确定区域选择的终点,也就是 $j2$。然后通过 $j1,j2$ 得出 $J1,J2$。

分解时根据提花类型进行分解赋值。不同的提花类型虽有不同的分解方式,但在分解时每一行花型行都会被分解为数行工艺行,因此在分解时先根据每一行的颜色数对工艺行加行,然后对应花型行上每一针的颜色给工艺行赋值。

提花编辑实现的具体流程如图 4-3-22 所示。

二、工艺设计模块的实现

工艺设计是指羊毛衫成形工艺设计,根据第二章衣片成形部分的内容,本系统采用款式参数化生成衣片模型的方法,整个工艺设计的流程就是通过选择款式确定衣片模型,再将模型的成形数据转化为工艺数据。

1. 款式编辑

根据成形衣片的设计方法,可得到款式编辑的流程,如图 4-3-23 所示,下面将对每个流程的实现做详细介绍。

(1)款式选择。如图 4-3-24 所示,以选择 V 领插肩袖套头衫作为款式样例进行款式编辑。

(2)密度设定。如图 4-3-25 所示,输入大身纵密 b_z、横

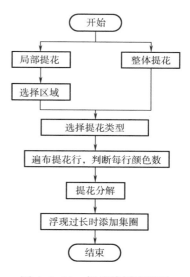

图 4-3-22　提花编辑流程图

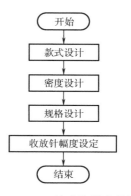

图 4-3-23　款式编辑流程图

密 b_h，袖子的纵密 s_z、横密 s_h 后，会自动计算得出，其中一般 $s_z = b_z/0.98$，$s_h = b_h×0.98$，式中的 0.98 为科学参考值。这是因为袖子在实际编织过程中由于编织宽度较窄，横密会变大，纵密会变小，因此为消除这种误差，在设计时将袖子横密缩小、纵密增大。自动计算只是给出参考值，其值可以自行修改。

图 4-3-24 款式选择对话框

图 4-3-25 密度设定对话框

（3）规格设计。如图 4-3-26 所示，对话框左侧为款式规格参数化的数据表格，右侧为对应的款式尺寸图。表格中灰色区域不可编辑，白色区域可编辑，当对其中数据进行更改时，右侧尺寸图也会相应变化，如图（b）所示，改变衣长与腰围的规格，其变化的尺寸用红色线条画出，当修改某些尺寸如袖窿深时还会引起衣长的变化，这属于服装的联动变化。此时规格设定可进入款式库选择相应的数据，如图（c）所示，选择一条数据后，如图（d）所示，表格内数据与尺寸图会变为选择的款式。

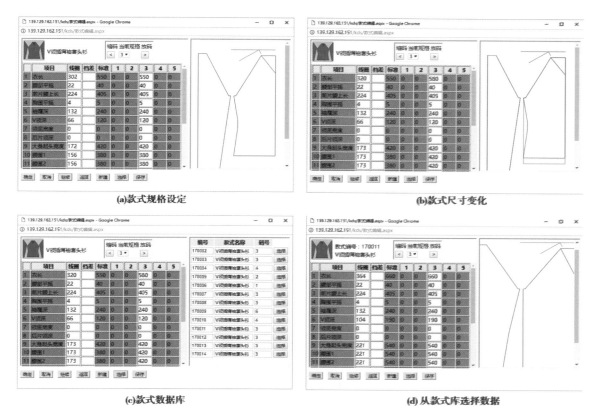

(a)款式规格设定　　(b)款式尺寸变化

(c)款式数据库　　(d)从款式库选择数据

图 4-3-26　规格设定对话框

（4）收放针幅度设计。如图 4-3-27 所示，收放针幅度的设定主要包括领子收针幅度、大身挂肩处的收针幅度、袖山处收针幅度、大身拷针数、袖子拷针数和大身收针幅度。这些收针幅度用于计算成形工艺数据。

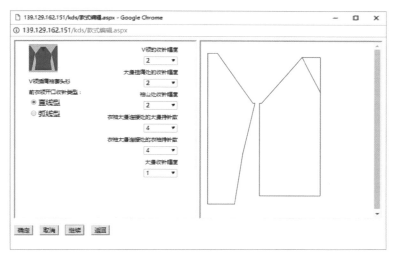

图 4-3-27　收放针幅度设定对话框

（5）得到衣片成形数据。如图4-3-28所示,款式编辑最后一步是将款式处理为衣片数据,分为前片、后片和袖片,这些衣片数据是成形数据,还需将其转化为工艺数据才能进行编织。

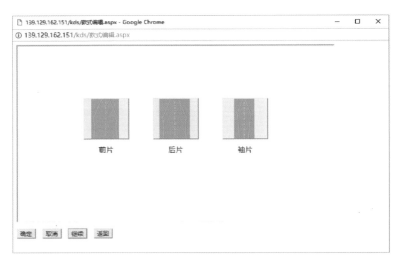

图4-3-28　衣片数据对话框

2. 成形工艺

成形工艺数据通过模型对话框呈现,如图4-3-29所示,其中数据是通过款式参数化计算得来的模型,模型数据得到后要在底组织上放置模型,将底组织信息赋给成形模型,也就是要将成形信息与底组织工艺点信息结合,形成新的组织数据。花型行数为 m ,针数为 n 的底组织信息可以用二维矩阵 P 表示[式(4-1)]。

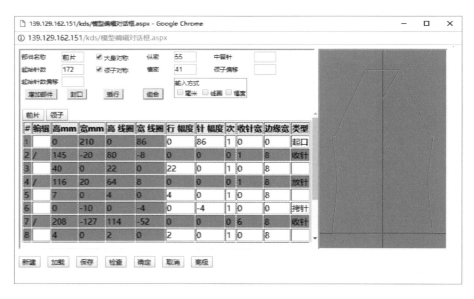

图4-3-29　模型对话框

　　需要注意的是,底组织的 m 要大于衣片模型的高 h, n 要大于衣片模型的最大针数 w,否则无法放置。用户通过移动鼠标选择模型放置的位置。在底组织上确定放置位置 (x,y) 后,结合成形数据,将底组织 P 高度范围 $x\sim x+h$,宽度范围 $y\sim y+w$ 内且在模型内的工艺点信息 K 赋给 P,P 见式 $(4-1)$。赋值结束后,底组织根据模型大小裁剪上下左右的多余区域,有工艺类型数据的行则需改变工艺行进行编织工艺处理。模型放置与转化流程如图 $4-3-30$ 所示。

　　成形工艺转化在操作时,如图 $4-3-31$ 所示,要经过定位和放置两个过程,这两个过程都是客户端的交互动作,模型的定位是鼠标在花型意匠图中移动选择放置的位置,在移动过程中,衣片模型会随着鼠标移动。模型的定位是为了在有花型时选择合适的花型循环。模型的放置是在确定位置后,将工艺点信息赋值给模型,就是上述的模型转化过程。

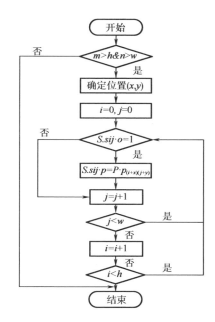

图 $4-3-30$　成形数据转化流程图

　　模型定位是在鼠标移动事件 (canvas.mousemove) 中执行的,鼠标在移动过程中不断绘制衣片模型,衣片的模型是以白色半透明为底色绘制的。模型的形状确定较容易,衣片模型实际上是在衣片高度和最大针数范围内绘制的,在这个范围内的点有两种,一种在模型内,另一种在模型外,通过成形数据可以得出在模型内点的坐标。因此在鼠标移动时不断绘制的是一个高为衣长,宽为针数的矩形,在模型内的点填充颜色,不在模型内的点不填充任何颜色。

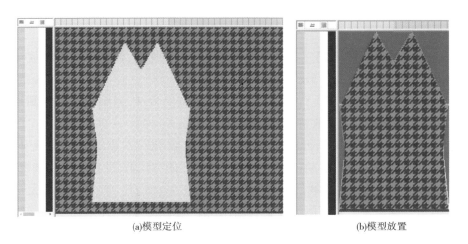

(a)模型定位　　　　　　　　(b)模型放置

图 $4-3-31$　成形工艺转化示意图

三、数据输出模块的实现

设计横编针织物的最终目的是导出上机文件,因此在本模块中要实现的是上机文件的导出,主要以导出 STOLL 电脑横机的上机文件做介绍。在导出文件之前要进行花型编译,花型编译是完善编织的过程,也是将工艺信息转化为机器控制语言的过程。

1. 花型编译

花型编译是系统智能化的体现,会根据用户对织物的设计自动完成多项工作,如添加起口、封口编织等。花型编译的主要流程如图 4-3-32 所示。

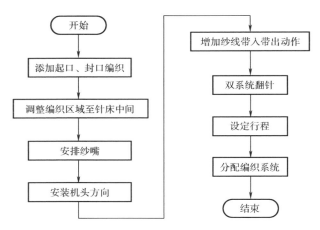

图 4-3-32　花型编译流程图

(1)添加起口、封口编织。起口编织是调整牵拉的部分,由橡筋纱完成编织,添加起口编织也就是添加橡筋纱的编织动作,添加的位置在起头之前,一般添加四行,第一、第三行为编织行,第二、第四行为脱圈行。封口编织是在织物编织结束时防止线圈脱散的部分,也被称为安全行,一般由分离纱编织,添加的位置在大身编织结束后。安全行编织完后还要添加脱圈行,用于落布。

(2)调整编织区域至针床中间。为使织物在编织时受力均匀,需将编织区域放置于针床中间,因此要将花宽调整为机宽总针数,在非编织的区域填充空针。总针数 N 为新建时选择机型所带的字段。此时要对工艺数组进行加列处理,设织物宽度为 W,则编织区域左侧添加的空针数 $N_1=(N-W)\div2$,不整除时向下取整,右侧添加的空针数 $N_2=N-N_1-W$。

(3)安排纱嘴。为每一个编织行安排编织的纱嘴号,在执行本步骤前要先排列纱嘴,排列纱嘴是一个交互的过程,系统将自动识别织物编织所需要的纱线数,并在纱线区域视图中显示,图 4-3-33 所示为纱嘴对话框,纱线区域显示的是成形毛衫的前片,前片在编织大身时虽然只有一种纱线,但由于编织领子时两侧的领子只能使用各侧的纱嘴,因此采用不同纱线颜色区分左右领子的纱嘴。排列好纱嘴后根据每一行编织行的纱线安排对应的纱嘴号。

(4)安排机头方向。对于有纱线编织行,机头方向的确定要以纱线对应纱嘴第一次参与编织的行为起始行,纱嘴位于右侧时,机头方向从右到左,纱嘴位于左侧时,机头方向从左到右,之后该纱嘴参与的编织行的奇数行与起始行编织方向相同,偶数行相反。对于没有纱线编织的

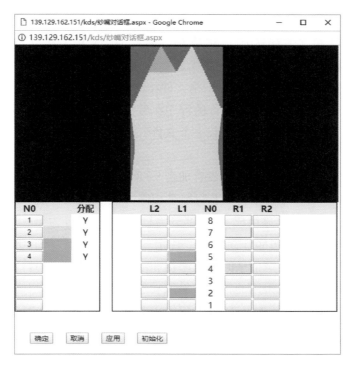

图 4-3-33 纱嘴对话框

行,例如翻针行,一般可以与编织行合并为一个行程,机头运行一次为一个行程,可以合并的机头方向一致,不可合并的要另外安排机头方向,如遇下一行为相反方向的编织行,则需添加空行将机头返回。

(5)增加纱线带入带出动作。在编织前要先将纱线带入到编织区域编织一小段,在纱线带入时要安排靠近纱嘴的系统,如纱嘴在右侧,应安排第三系统带入。纱线带出是在纱线完成编织后离开编织区域的动作,纱线带出时也要安排靠近纱嘴的系统,如纱嘴要回到左侧,应安排第一系统带出。

(6)双系统翻针。为了减少翻针时的漏针,需将相邻的翻针动作拆分成两行或多行。

(7)设定行程。机头运行一次为一个行程,设定行程的目的是以最少行程完成编织,设定行程就是行程合并的过程。一个行程最多包含系统数个工艺行,如三系统电脑横机,一个行程最多包含三行工艺行。合并时必须满足一些条件才可进行,合并的行编织所用的纱嘴必须不同,合并的行的针床配置、机头方向、机速、牵拉等配置必须相同。

(8)分配编织系统。以三系统电脑横机为例,系统号是以机头运行的方向配置的,在前的为第一系统 S1,中间的为第二系统 S2,在后的为第三系统 S3,不管机头运动是从左到右,还是从右到左,S1 一直处在最前的位置,S3 一直处在最后的位置,S2 一直处在中间位置。分配过程中,一个行程只有一行编织行时,采用 S2 编织,可以提高效率;有两行编织行时,采用两个相同的系统编织,即 S1、S2 和 S2、S3 往返编织;有三行编织行时,三行分别安排三个系统。

2. 文件输出

STOLL 电脑横机上机文件有三个,分别是 JAC、SET、SIN 文件。其中 JAC 文件表达的是编织工艺;控制织针的编织动作;SET 表达的是织造参数,控制编织过程中的上机参数(密度、牵拉等);SIN 表达的是控制编织系统的指令。三个文件相辅相成,共同作用。

由于本系统基于浏览器运行,生成文件的程序在后台运行,也就是文件要在服务器端生成,然后再下载到客户端,但由于一次只能下载一个文件,因此在生成文件时一次命令只生成一个文件。

JAC、SET、SIN 文件都属于明文文件,没有加密,下面对每个文件中的内容做详细介绍。

(1)JAC 文件。JAC 文件中行数与工艺行数量相等,其中工艺行不包括空行。如图 4-3-34 所示,JAC 文件的每一行由两部分组成,第一部分为行号,第二部分为每一行的编织信息,编织信息包含出针信息和用纱信息两部分,通过"–"连接。其中行号一般从 1100 或 2100 开始,1100 和 2100 是最后一行编织行。编织信息的编织动作和纱线用一些固定的符号表示,它们之间的对应关系见表 4-3-5,纱线信息采用的符号与编织动作相似,除"∗"与"–"固定表示橡筋纱与分离纱,"·"表示无纱线编织外,A、B、E、G、I、K 等表示其他纱线。以第 2160 行为例,针床从左至右依次为 342 枚针不编织,16 枚针前后针床交替成圈用分离纱编织,341 枚针不编织。

2160 342.8(AY)341. -342.16+341.
2621 342.8(YA)341. 342.16+341.

图 4-3-34　JAC 文件信息

表 4-3-5　JAC 文件中编织符号意义

序号	符号	意义	序号	符号	意义
1	A	前针床成圈、后针床不编织	7	B	前针床集圈、后针床集圈
2	Y	前针床不编织、后针床成圈	8	H	前针床成圈、后针床成圈
3	O	前针床集圈、后针床不编织	9	+	后针床线圈翻针至前
4	Z	前针床不编织、后针床集圈	10	T	前针床线圈翻针至后
5	∗	前针床集圈、后针床成圈	11	·	前后针床无编织动作
6	I	前针床成圈、后针床集圈			

(2)SET 文件。SET 文件中的内容包含线圈长度、织物牵拉、机速等信息,在本系统中有专门的对话框用于设置这些参数,如图 4-3-35 所示,其中 NP 值用来确定线圈长度,其值越大,弯纱深度越大,密度越小;MESC 值用来确定机速,一般空行速度为 0,翻针行速度为 1;WMF 值用来确定织物牵拉,最大值对应最大针数,最小值对应最小针数。

(3)SIN 文件。SIN 文件是通过 Sintral 指令编写的,Sintral 指令是 STOLL 电脑横机程序设计系统的专用指令。如图 4-3-36 所示,Sintral 指令是由一条一条语句组成的,但组成略有不同,图中列举了几种典型的语句,以下将加以说明。

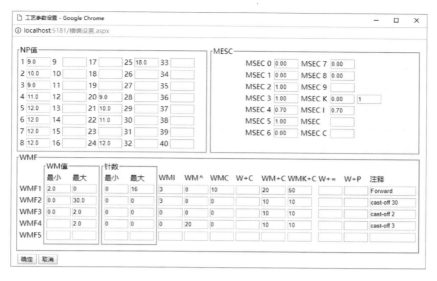

图 4-3-35 参数设置对话框

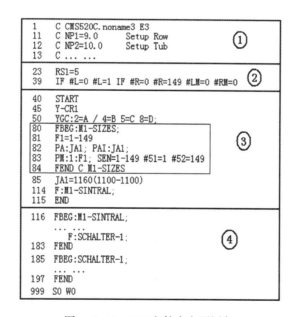

图 4-3-36 SIN 文件中主要语句

第一部分为程序释义内容,指令表达形式为"C *** *** "。程序的开头表述了该程序的编织机型、程序名字、针距以及生成文件的计算机名称等内容,接下来内容为程序用到的 SET 文件中的密度、编织机速等内容。

第二部分内容是在程序开始之前对一些基本的数据进行设定。设定的内容包含有程序用到的循环数值以及程序计数器中的内容,以"#"开头的为程序的计数器,其中"#L""#R"的设置是必须的,其表示在织物编织过程中,编织区域左右边缘所在织针位置的变化。

第三部分内容为主体程序内容,该部分内容以"START"开头,运行到"END"结束,从图 4-3-

36 可以看出，程序先定义纱嘴，然后定义花型编排，最后调用编织程序的函数"F：M1-SINTRAL；"。

第四部分内容为定义程序主体要引用的编织函数内容。一个函数也可以被另外一个定义的函数所引用，如在定义主体"M1-SINTRAL"函数时可以调用"F：SCHALTER-1"函数。最后一行为程序空行编织程序，不选针，且关闭牵拉。

下面为表达编织指令的一行 sintral 语言：

164 >> S：<1->\<B>A(5)-Y(6)/<1->U^ST；　Y：=C；　　V0VU　　S1 S2　　WMF1　　MSEC2

通过执行该行指令，可完成一个行程的编织动作。该指令行所表述的信息有：

①"164"：Sintral 命令中的行号标记，可以连续，也可不连续，行号的标记数字为递增。

②">>"：表示执行当前命令行的编织方向。">>"编织方向向右，"<<"方向向左，"<<>>"方向不确定或以上一编织行为参照。

③"S："：选针编织命令，后面要紧跟选针符号。

④"<1->"：指当前编织的选针符号将引用 JAC 中的动作符号信息，顺序为递减。

⑤"\<B>"：当前纱嘴运行路径的符号将引用 JAC 中的纱线符号信息。

⑥"A(5)-Y(6)"：表示选针编织指令。所有标记为"A"的织针作前床编织，所有标记为"Y"的织针作后床编织。"-"为前后针床的分割线，前半部分为前针床的选针符号，表示前针床的选择情况；后半部分为后针床的选针符号，表示后针床的选择情况。"/"为编织系统的分离线，将各个编织系统隔开。

⑦在编织指令中，括号中的数字表示采用的密度组号。如"AH%W(5)-HY%E(6)"，表示该编织将引用"SET"文件中密度表格中的第 5 段数值为前针床的密度，第 6 段为后针床的密度数值，括号中的内容为整数数字。也可以将密度的数值直接写在括号中，数值内容必须带小数点的数值，如"AH%W(10.2)-HY%E(10.0)"。

⑧"<1->U^ST"：为翻针命令，将标记为"T"的前针床线圈转移到后针床上。若前后针床均有线圈要翻针，则需用针床分割线分别标记前后针床的符号，指令为"UXST - +"。

⑨"Y：=C；"：用于定义当前使用的纱嘴，该纱嘴由字母替代，在 Sintral 语言前段有纱嘴说明语句："YGC：2=A/2=B4=C8=D；"，"Y：=C；"表示当前使用右侧第 4 导轨的纱嘴。

⑩"V0VU"：表示后针床位置，后针床的原始位置标记为"V0"。针床移位的表示方法为"VmVn"，其中"Vm"为针床移动的针位数，"Vn"表示前后针床的织针对位。如"VL3"，则表示后针床距离原始位置向左横移 3 个针位，"VR2"则表示了后针床距离原始位置向右横移了 2 个针位；若采用相对的横移方法，则用"<"和">"分别表示向左横移和向右横移，如"V<3"表示在当前针床位置再向左横移 3 个针位，"V>2"则表示将当前的针床位置再向右横移 2 个针位。

⑪"S1 S2"：表示当前参与编织的三角系统。参照编织指令，用 S1 系统带纱嘴"C"编织，而翻针内容不用纱嘴，用 S2 系统工作。

⑫"WMF1"：指该牵拉将引用牵拉表格中第一段牵拉段中的内容。

⑬"MSEC2"：是间接速度表示方法，具体数值将引用"SET"文件速度表格中第二段的具体数值。通常，MSEC0 是空行的机头运行速度；MSEC1 是翻针的机头运行速度；MSEC2 ~ MSEC9 用于编织行的运行速度。

四、数据库模块的实现

本模块通过 C#与 SQL 实现,是本系统区别于单机系统的地方,也是本系统的重要组成部分。在程序中应用到数据库的地方很多,比如用户的登录验证、自定义的组织库等。有的单机系统也有数据库的内容,但大都为本地数据库,一旦脱离了运行环境,数据库就不能使用了。本系统应用云端数据库,可以随时随地调用数据库,在方便设计的同时也保证了数据的安全。

1. 数据库设计

横编针织物的数据种类多,因此要根据每个数据的特点设计数据库,保证数据在存取的过程中不会丢失,表 4-3-6 为横编针织物的部分主要数据及其类型,其中 id 为主键,为数据库自动编号,每条数据都有一个唯一值,保证了每条数据的唯一性。

表 4-3-6　横编针织物数据类型设计

列名	数据类型	允许 NULL 值	解释	列名	数据类型	允许 NULL 值	解释
id	int	否	ID 号	Patternwidth	int	是	花宽
ArticleID	nvarchar(30)	是	产品编号	WPC	nvarchar(200)	是	横密
Type	nvarchar(50)	是	机型	CPC	nvarchar(200)	是	纵密
Gauge	nvarchar(20)	是	机号	Material	ntext	是	原料
Needle	int	是	针数	Threading	ntext	是	纱嘴排列
Speed	nvarchar(50)	是	机速	Pattern	ntext	是	花型意匠图
Patternheight	int	是	花高	Organization	ntext	是	编织工艺图

由于 C#与 SQL 具有天然的兼容性,C#通过 SqlConnection 对象建立 SQL 连接,可以直接执行 SQL 语句,本系统常用的 SQL 语句见表 4-3-7,将产品导入数据库时有两种选择,一种是保存到数据库,第一次保存时插入新数据,执行"insert"语句,之后再次选择保存到数据库时都是更新此条数据,执行"update";另一种是另存到数据库,不管什么时候操作都会新建一条数据,执行"insert"语句。从数据库中选择数据时,将数据显示在 GridView 表中,当使用不同的终端登录系统时,系统会自动检测登录终端是 PC 还是手机移动端,GridView 表根据不同的终端自适应屏幕,如图 4-3-37 所示,(a)为 PC 端登录时数据库页面,(b)为手机端登录时数据库页面。

表 4-3-7　SQL 常用语句

序号	SQL 语句	解释
1	select * from table where…	根据条件从数据表中选择数据
2	update table set …where…	根据条件更新数据
3	delete from table where…	根据条件删除数据
4	insert into table…value…	插入新数据

产品编号	企业编号	产品名称	织物类型	类型	机型	机号	机速	花宽	花高	客户	设计	日期	选择	编辑	删除
160715	JD160715	GUGGI围巾	前针床线圈翻针	横编	CMS 530 [0]	14	70rpm	198	160	江南大学	汤梦婷	2016-07-15	Select	Edit	删除
168946	Y3856W009	蝙蝠衫	普通单面织物	横编	MACH2X153X18L	18	0.9m/s	6	6	江南大学	王薇	2016-12-13	Select	Edit	删除
170517	WG040	女士镂空宽松套头衫	全成形	横编	MACH2XS153X12l	12	1	16	24		唐雨洁	2017-06-14	Select	Edit	删除
161011	JD161010	千鸟格围巾	前针床线圈翻针	横编	CMS 530 [0]	14	70	96	28	江南大学	高梓越	2016-10-10	Select	Edit	删除
168947	Y2695W009	全成型裙装	普通单面织物	横编	MACH2X153X18L	18	0.9m/s	6	6	江南大学	王薇	2016-12-13	Select	Edit	删除
168953	Y3925W00F	针织开衫	普通单面织物	横编	MACH2X153X18L	18	0.9m/s	6	6	江南大学	王薇	2016-12-13	Select	Edit	删除
168954	Y4025W009	全成形裙装	普通单面织物	横编	MACH2X153X18L	18	1m/s	4	4	江南大学	王薇	2016-12-10	Select	Edit	删除
168955	Y4026W009	男士针织衫	普通单面织物	横编	RS-D/4	18	0.9m/s	6	6		王薇	2016-12-13	Select	Edit	删除
168948	Y4026W009	全成形裙装	普通单面织物	横编	MACH2X153X18L	18	0.9m/s	6	6	江南大学	王薇	2016-12-13	Select	Edit	删除
168949	WG0001	全成形V领裙装	普通单面织物	横编	MACH2X153X18L	18	1m/s	6	6	江南大学	王薇	2016-12-13	Select	Edit	删除
170410	WG0004	全成形降落伞裹领喇叭袖女上衣		横编	MACH2-153XS12	12	0.8m/s	0	0	江南大学	邱庄岩	2017-04-10	Select	Edit	删除
170412	WG001	女士蝙蝠袖开衫	全成形毛衫	横编	MACH2X153X18l	18	1	16	16	江南大学	岛精公司	2017-04-12	Select	Edit	删除
170414	WG002	女士圆领娃娃套头衫	全成形毛衫	横编	MACH2X153X18l	18	1	16	16	江南大学	岛精公司	2017-04-12	Select	Edit	删除
170410	WG0002	全成形高领连衣裙	前针床线圈翻针	横编	MACH2-153XS12	12	0.8m/s	0	0	江南大学	邱庄岩	2017-04-10	Select	Edit	删除
170410	WG0003	全成形V领连衣裙		横编	MACH2-153XS12	12	0.8m/s	0	0	江南大学	邱庄岩	2017-04-10	Select	Edit	删除
170413	WG033	女士高领套头衫	全成形毛衫	横编	MACH2XS153X12l	12	1	0	0	江南大学	唐雨洁	2017-04-12	Select	Edit	删除
170418	WG004	套头衫	全成形毛衫	横编	MACH2X153X18l	18	1	16	16	江南大学	岛精公司	2017-04-12	Select	Edit	删除
170420	WG005	圆领套头衫	全成形毛衫	横编	MACH2XS153X12l	12	1	16	16	江南大学	岛精公司	2017-04-12	Select	Edit	删除
170415	WG032	女士无袖连衣裙	全成形毛衫	横编	MACH2XS153X12l	12	1	0	0	江南大学	李珂	2017-04-12	Select	Edit	删除
170417	WG031	女士圆领套头衫	全成形毛衫	横编	MACH2XS153X12l	12	1	0	0	江南大学	李珂	2017-04-12	Select	Edit	删除
170422	WG006	女士蛋糕裙	全成形毛衫	横编	MACH2X153X18l	18	1	16	16	江南大学	岛精公司	2017-04-12	Select	Edit	删除
170426	WG008	女士一字领紧身裙	全成形毛衫	横编	MACH2X153X18l	18	1	16	16	江南大学	邱庄岩	2017-04-12	Select	Edit	删除
170430	WG010	女士圆领连衣裙	全成形毛衫	横编	MACH2X153X18l	18	1	16	16	江南大学	岛精公司	2017-04-12	Select	Edit	删除
170432	WG011	女士V领短袖套头衫	全成形毛衫	横编	MACH2X153X18l	18	1	16	16	江南大学	彭佳佳	2017-04-12	Select	Edit	删除
170421	WG029	女士开衫	全成形毛衫	横编	MACH2XS153X12l	12	1m/s	0	0	江南大学	陈烨华	2017-04-12	Select	Edit	删除

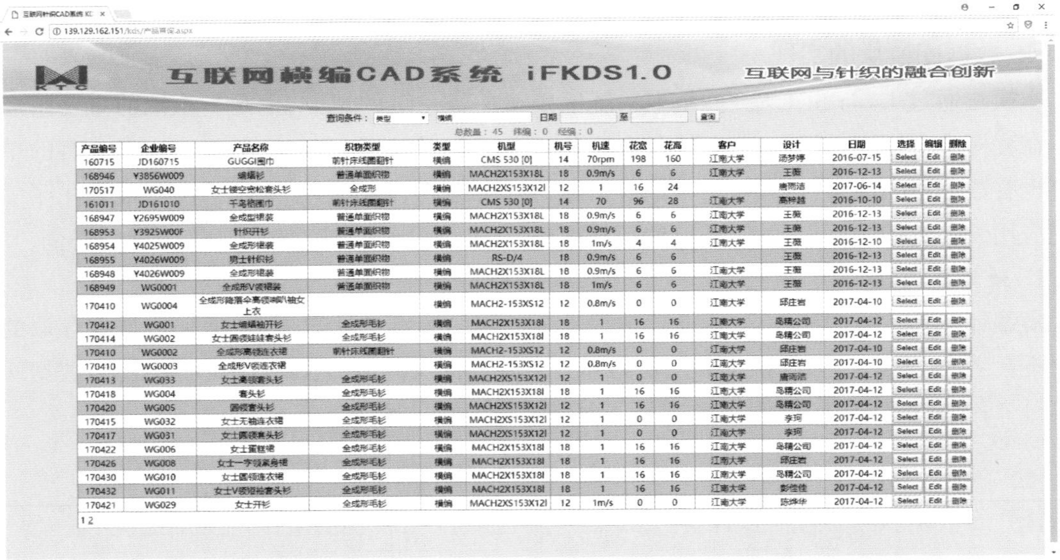

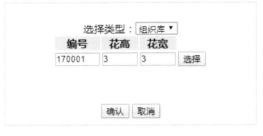

图 4-3-37　数据库视图

组织的自定义需要在设计时操作，选择区域后点击鼠标右键添加为组织，组织号为系统自动编号，可在选择组织的对话框中选择自定义组织，如图 4-3-38 所示。客户端不能连接远程数据库，因此要借助服务器端完成，此处涉及 JSON 与 AJAX 技术，前台通过调用后台函数完成，详细代码如下。

图 4-3-38　自定义组织库

客户端连接数据库：

```
$(function () {
    $.ajax({
        type: "Post",
        url: "横编花型设计.aspx/SAVEZUZHI",
        data: "{'str':'" + zuzhidata + "'}",
        contentType: "application/json; charset=utf-8",
        dataType: "json",
        success: function (data) {},
        error: function (xhr) { alert("保存失败") }
    });
});
```

其中，请求方式必须为“Post”，通过 HTTP POST 请求从服务器载入数据；url 为发送请求的地址，即调用后台的函数；data 为传到服务器的值，此处为需要保存到服务器的值；contentType

为编码类型；dataType 为返回数据的类型；success 为请求成功后的回调函数,参数为服务器返回的值；error 为请求失败后的回调函数,参数为服务求返回的值。

2. 权限设置

本系统为用户登录制,用户在使用时需要输入用户名、密码,验证成功后才可以使用系统。用户登录后可智能查看自己的数据库或者公司数据库,因此在数据库中要设置相应的字段,也就是所属公司,在用户登录成功后,将用户的公司存在 Session 中,Session 可以在网页运行过程中供所有页面使用,当操作数据库时会验证 Session,并只选择出属于用户公司的数据。

Session 还可以用于检测用户是否重复登录,用户在访问系统时,服务器会分配给用户一个 SessionID,每次登录的 SessionID 都不相同,在用户登录时将服务器分配的 SessionID 存入数据库中,之后在用户每一次操作时用当前的 SessionID 对比数据库中 SessionID,出现不同时则证明此用户名在其他终端登录,系统强制用户下线,具体代码如下。将判断的函数写到一个类里,供每个页面引用,当用户触发服务器响应时就会执行这个类。

限制用户登录代码：

```
string a = Session[ "UserName" ] . ToString( ) ;
string sqlStr = " select  *  from User_tb where UserName=ʹ" + a+"ʹ" ;
DataSet ds = db. GetDataSet( sqlStr, "User_tb" ) ;
DataRow myrow = ds. Tables[ 0 ] . Rows[ 0 ] ;
if ( Session. SessionID ! = myrow[ 7 ] . ToString( ) . Trim( ) )
{
    MessageBox( "你的账号已在别处登录,你被强迫下线!", "登录 . aspx" ) ;
}
```

第五章 互联网横编 CAD 系统功能与应用

第一节 互联网横编 CAD 系统功能

一、系统界面

登录网页,输入用户名和密码,进入花型设计界面,如图 5-1-1 所示。

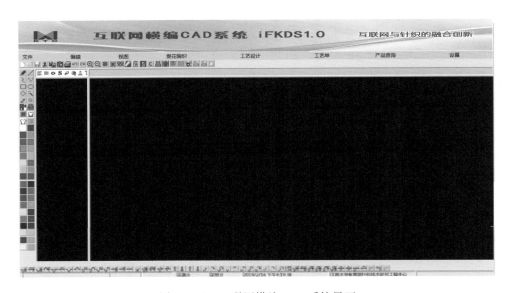

图 5-1-1 互联网横编 CAD 系统界面

主窗口主要包括标题栏、主菜单、工具栏、绘图区、编织栏、状态栏等,简洁直观、操作方便。

(1)标题栏:显示软件的名称及其版本号。

(2)主菜单:包括文件、编辑、视图、提花编织、工艺设计、工艺单、产品查询和设置。在软件的使用过程中,我们选择相应的菜单命令来执行指定的功能,每个菜单的特定功能按一定的顺序排列,以方便用户调用。

图 5-1-2 显示的是主菜单,主菜单下对应有相关的子菜单。当光标移动至某一菜单项时,该菜单项会从背景颜色灰色变成黄色;同时,若该菜单项包含子菜单,则会在该菜单项的下方显示子菜单。选中菜单项的方法为将光标箭头移至在该菜单项上,按下鼠标左键,即可执行该项功能。正常菜单项的文字是黑色的,当菜单项的文字变灰时,表示该菜单项在当前状态下禁止使用。

图 5-1-2　横编互联网针织 CAD 系统主菜单界面

（3）工具栏：包括常用功能按钮，可分为位于绘图区上方的"标准工具条""绘图工具栏"和"颜色板"以及在不同视图状态下显示的"编织动作"。点击工具栏上的按钮可快速实现相应的功能。

（4）绘图区：横编 CAD 软件系统的主要工作区，是用户进行花型设计及花型显示的区域。

（5）编织栏：编织栏为织针的编织动作，一共 54 种，分别对应不同的编织动作信息。

（6）状态栏：位于界面的最下方，用显示当前操作的视图状态、坐标位置、花宽花高、当前时间、用户名称等信息。

主菜单上的功能如下。

1. 文件菜单

文件菜单如图 5-1-3 所示，包含有新建、打开、保存、另存为、导入实物图、导入数据库、导入文件、导入 BMP、文件导出。简单介绍如下：

（1）新建：建立一个新的花型，点击新建，弹出新建花型对话框，如图 5-1-4 所示，可选择机型、基本组织、起头，并输入花宽花高。产品编号由系统自动生成，不宜修改；根据产品织物类型选择机型，输入所设计产品的花宽、花高，花宽一般为总针数的约数，根据织物类型选择相应的基本组织与起头方式。

图 5-1-3　文件菜单　　　　　　　　　　　　图 5-1-4　新建文件

（2）保存到数据库：把设计完成的产品导入云端的产品数据库；

（3）另存到数据库：将当前花型文件保存到电脑里另外的位置；

（4）实物图上传：导入织物实物图；

（5）导入 BMP：导入一个 ＊.bmp 文件直接生成花型图或花型元素；

（6）文件导出：可导出 ＊.Jac、＊.Set、＊.Sin、＊.Pat、＊.Cnt、上机文件，适用于不同的机型。

2. 编辑菜单

编辑菜单可对花型进行编辑,主要包括原料编辑、循环编辑、纱嘴编辑、款式编辑、组织编辑、模型编辑、更换起头,如图 5-1-5 所示。

(1)原料编辑:单击原料编辑菜单,弹出如图 5-1-6 所示的对话框,包含的原料信息有原料代号、细度、单位(D/S/dtex/Nm)、F 数、原料规格、延伸率(%)、原料比(%)、颜色(与"颜色板"工具栏中的颜色对应)、张力等参数。原料信息可根据实际情况进行填写或修改,若产品中含有两种及以上的原料,点击"添加"按钮可增加原料种类,在表格中选中需要删除的原料,点击"删除"按钮即可。若"穿纱编辑"已设置,点击"计算原料比"后系统会自动根据各原料在穿纱循环中所填写的纱长自动计算其在面料中的占比。

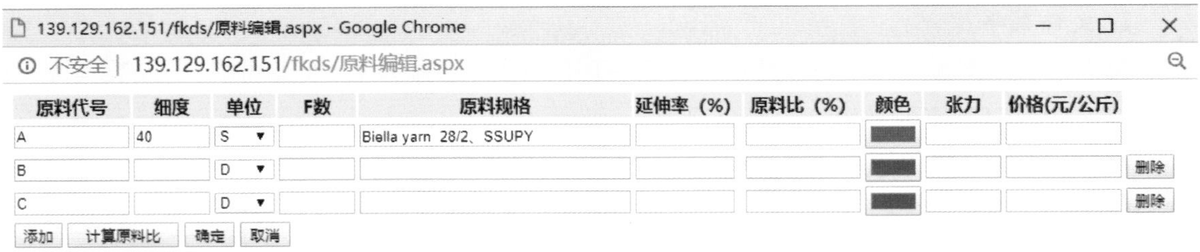

图 5-1-5 编辑菜单

图 5-1-6 原料编辑菜单界面

(2)循环编辑:如图 5-1-7 所示,用于编辑产品的组织循环。确定所设循环的名称,默认为"新循环",可更具实际需求进行更改。下拉"RS"对话框,确定组织的 RS 数,选择范围为 RS2-RS6。更具循环需要选择"列循环"或"行循环",并依次输入最大和最小循环次数。

(3)纱嘴编辑:如图 5-1-8 所示,可设置纱线对应纱嘴。

图 5-1-7 循环编辑界面

(4)款式编辑:如图 5-1-9 所示,可对织物的款式进行编辑。横编织物的可选款式有套头衫、背心、开衫、衣片。确定基本款式后,界面左侧会出现不同细节的具体款式,可根据具体需要进行选择。如套头衫中的"插肩袖""马鞍肩袖"等,"V 领"、"圆领"等。

(5)组织编辑:如图 5-1-10 所示,为组织编辑界面。如下左图,共有 3 类可供选择,分别为挑孔、结构、绞花;若组织库中已存有所需组织,则点击"组织库",进入到下右图界面,输入对应组织的产品编号、花宽、花高,进行选择。

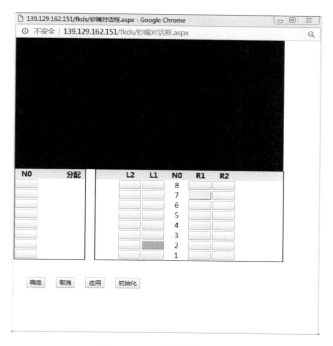

图 5-1-8　纱嘴编辑界面

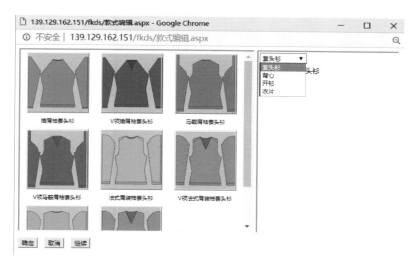

图 5-1-9　款编辑界面

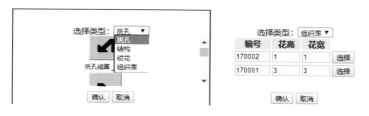

图 5-1-10　款式编辑界面

（6）模型编辑：如图5-1-11所示为模型编辑界面。输入生成模型的部件，如"前片"，并在相应的文本框中输入工艺参数，如横密、纵密、起始针数、起始针数偏移等信息，点击"加载"按钮，右侧会出现对应的模型图片。对所设置的模型进行检查，确认其可编织性，确定无误后保存。

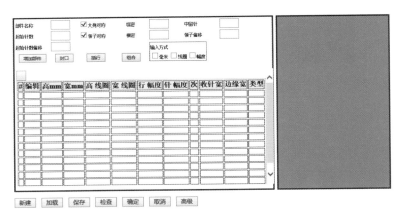

图5-1-11　模型编辑界面

（7）更换起头：如图5-1-12所示，在横编织物设计过程中更换起头方式。

3. 视图

视图包括的功能见表5-1-1，图5-1-13为互联网横编 CAD 软件系统的视图菜单界面图。

图5-1-12　更换起头界面

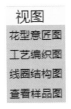

图5-1-13　视图菜单界面图

表5-1-1　视图功能汇总表

功能	作用	功能	作用
花型意匠图	跳转到花型的花型意匠图	线圈结构图	跳转到线圈结构图页面
工艺编织图	跳转到花型的编织工艺	查看样品图	跳转到实际样品图页面

（1）花型意匠图：花型意匠图是为了直观表达用户所设计的花型，其高度为花高，宽度为花宽，花高为正面线圈横列数，花宽为编织所用到的最大针数。花型意匠图的基本单元是带有符号的方格，一般情况下，方格中的符号表示编织动作，颜色表示纱线信息，如图5-1-14（a）所示。花型意匠图中所用符号及其意义见表5-1-2。

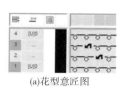

(a)花型意匠图

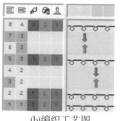

(b)编织工艺图

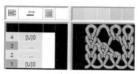

(c)线圈结构图

图 5-1-14 多视图设计

表 5-1-2 花型意匠图符号及意义

序号	组织符号	意义	序号	组织符号	意义
1		前针床线圈向左移圈	5		线圈向右移圈且位于下层
2		前针床线圈向右移圈	6		线圈向左移圈且位于上层
3		后针床线圈向左移圈	7		线圈向右移圈且位于上层
4		后针床线圈向右移圈	8		线圈向左移圈且位于下层

（2）编织工艺图:编织工艺图显示的是每一行工艺行的编织信息,能够清晰的表达织物的编织过程。横编织物在编织时往往一行花型行对应多行工艺行,编织工艺图就是在花型意匠图的基础上进行分解后的视图,反应的是每一行工艺行上的编织动作和纱线颜色。在系统中工艺编织图如图 5-1-14(b)所示。表 5-1-3 表示无纱线编织的织针动作符号。

表 5-1-3 无纱线编织的织针动作符号

序号	编织动作	意义	序号	编织动作	意义
1		前针床线圈移圈至后针床	9		后针床沉圈
2		后针床线圈移圈至前针床	10		前针床脱圈/后针床沉圈
3		前针床线圈自动移圈至后针床	11		前针床脱圈/后针床沉圈
4		后针床线圈自动移圈至前针床	12		前针床沉圈/后针床脱圈
5		前针床脱圈	13		前针床不脱散脱圈
6		后针床脱圈	14		后针床不脱散脱圈
7		前、后针床沉圈	15		前、后针床不脱散脱圈
8		前针床沉圈			

（3）线圈结构图:线圈结构图既可以表达花型,也可以表达线圈的编织过程。绘制时,花型行对应的工艺行将画在同一位置,前后针床的编织以织物正、反面视图区分。但线圈之间的串

套关系复杂多变,线圈会受其相邻线圈的影响产生变化。图 5-1-14(c)即为线圈结构图。

另外,编织工艺视图中除了每一工艺行的编织信息外,还应包含一些工艺信息,如机头方向、系统等,这类信息是编织工艺行必不可少的控制信息,通过显示这些信息可以帮助操作者理解编织过程。如图 5-1-15 所示,这些信息不显示在编织图上,而是通过另一块画布显示在编织图的左侧,这些参数信息从左到右依次表达的是工艺行号、花型行号、机头方向、系统号、牵拉、机速、前针床密度、后针床密度、循环、纱嘴、针床位置。以第 21 行工艺行为例,它对应的第 5 行花型号,通过机头中的第二系统从左向右编织,牵拉值为 1,机速为 4,前后针床的密度均为 22,并执行第 24 组循环,导纱嘴为右边第 7 个,针床位置处于针对针对位。

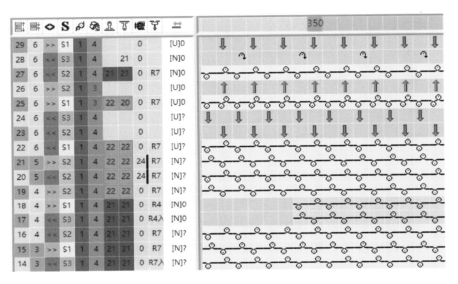

图 5-1-15　编织工艺图

4. 提花编织

表 5-1-4 所示为横编 CAD 中提花编织的功能表。图 5-1-16 所示为提花编织菜单的界面。

图 5-1-16　提花
编织界面

表 5-1-4　提花编织功能表

功能	作用	功能	作用
浮线	设置提花织物反面效果为浮线	芝麻点	设置提花织物反面效果为芝麻点
横条	设置提花织物反面效果为横条	空气层	设置提花织物组织为空气层提花
竖条	设置提花织物反面效果为竖条		

5. 产品查询

点击菜单“产品查询”可跳转至产品查询页面，如图 5-1-17 所示。系统利用 SQL 技术建立产品数据库，存储海量横编针织产品数据资源，用户可以将设计完成的产品导入产品数据库，防止产品数据意外丢失，也可以查看数据库中现有产品获取设计灵感。还可以输入查询条件进行模糊查询，得到相关产品信息。

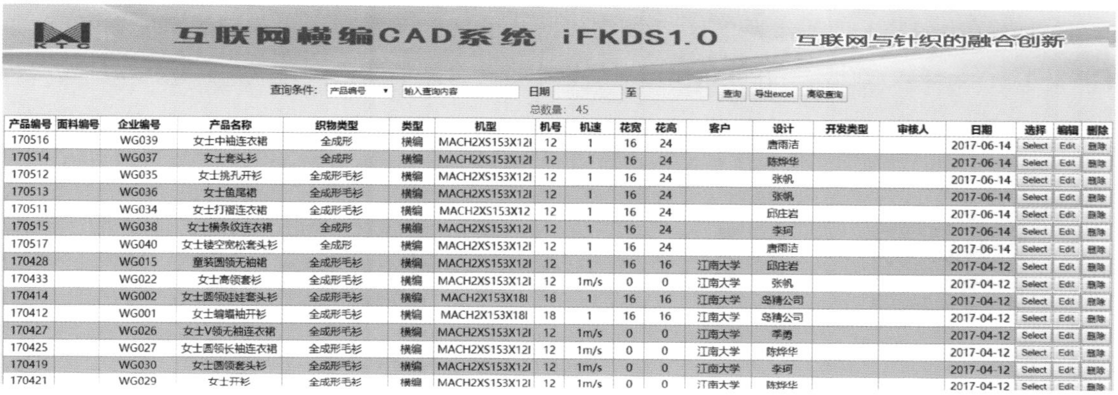

产品编号	面料编号	企业编号	产品名称	织物类型	类型	机型	机号	机速	花宽	花高	客户	设计	开发类型	审核人	日期	选择	编辑	删除
170516		WG039	女士中袖连衣裙	全成形	横编	MACH2XS153X12I	12	1	16	24		唐雨洁			2017-06-14	Select	Edit	删除
170514		WG037	女士套头衫	全成形	横编	MACH2XS153X12I	12	1	16	24		陈烨华			2017-06-14	Select	Edit	删除
170512		WG035	女士挑孔开衫	全成形毛衫	横编	MACH2XS153X12I	12	1	16	24		张帆			2017-06-14	Select	Edit	删除
170513		WG036	女士鱼尾裙	全成形毛衫	横编	MACH2XS153X12I	12	1	16	24		张帆			2017-06-14	Select	Edit	删除
170511		WG034	女士打褶连衣裙	全成形毛衫	横编	MACH2XS153X12	12	1	16	24		邱庄岩			2017-06-14	Select	Edit	删除
170515		WG038	女士横条纹连衣裙	全成形	横编	MACH2XS153X12I	12	1	16	24		李珂			2017-06-14	Select	Edit	删除
170517		WG040	女士镂空宽松套头衫	全成形	横编	MACH2XS153X12I	12	1	16	24		唐雨洁			2017-06-14	Select	Edit	删除
170428		WG015	童装圆领无袖裙	全成形毛衫	横编	MACH2XS153X12I	12	1	16	16	江南大学	邱庄岩			2017-04-12	Select	Edit	删除
170433		WG022	女士高领套衫	全成形毛衫	横编	MACH2XS153X12I	12	1m/s	0	0	江南大学	张帆			2017-04-12	Select	Edit	删除
170414		WG002	女士圆领娃娃套头衫	全成形毛衫	横编	MACH2X153X18I	18	1	16	16	江南大学	岛精公司			2017-04-12	Select	Edit	删除
170412		WG001	女士蝙蝠袖开衫	全成形毛衫	横编	MACH2X153X18I	18	1	16	16	江南大学	岛精公司			2017-04-12	Select	Edit	删除
170427		WG026	女士V领无袖连衣裙	全成形毛衫	横编	MACH2XS153X12I	12	1m/s	0	0	江南大学	季勇			2017-04-12	Select	Edit	删除
170425		WG027	女士圆领长袖连衣裙	全成形毛衫	横编	MACH2XS153X12I	12	1m/s	0	0	江南大学	陈烨华			2017-04-12	Select	Edit	删除
170419		WG030	女士圆领套头衫	全成形毛衫	横编	MACH2XS153X12I	12	1m/s	0	0	江南大学	李珂			2017-04-12	Select	Edit	删除
170421		WG029	女士开衫	全成形毛衫	横编	MACH2XS153X12I	12	1m/s	0	0	江南大学	陈烨华			2017-04-12	Select	Edit	删除

图 5-1-17　产品查询界面图

二、标准工具栏

标准工具栏的详细图标介绍见表 5-1-5，图 5-1-18 为标准工具栏界面图。

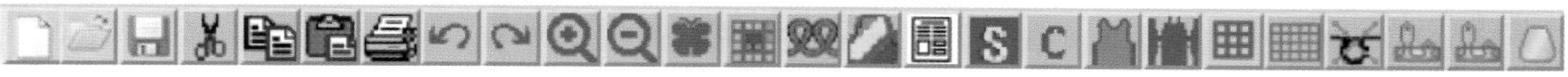

图 5-1-18　标准工具栏界面图

表 5-1-5　标准工具栏图标功能汇总

图标	功能	图标	功能	图标	功能
	新建花型		放大		模型编辑
	打开已存在的花型		缩小		款式编辑
	保存花型		意匠图		九宫格
	剪切		工艺编织图		打开关闭网格
	复制		线圈结构图		打开关闭动作
	粘贴		纱线区域视图		前针床线圈长度作为背景
	打印		显示工艺单		后针床线圈长度作为背景
	撤销		设置		以纱线颜色作为符号或背景
	回复		编译		

第二节　横编产品设计实例

一、提花围巾设计

1. 导入图片

选择菜单中的导入图片作为花型,系统将以图片的高度和宽度作为花型的高度和宽度,如图 5-2-1 所示,导入成功后可在颜色设定对话框中选择合适的颜色。

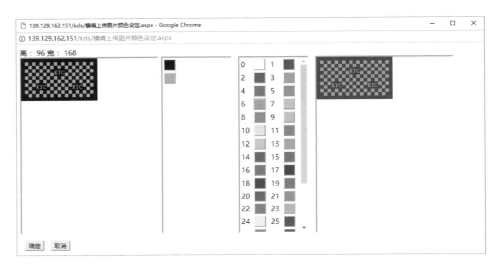

图 5-2-1　图片颜色设定对话框

2. 提花编辑

通过选择菜单中的提花方式,就可以完成整体提花,围巾产品常采用空气层提花,图 5-2-2 所示为提花后的线圈结构图的正面与反面效果。

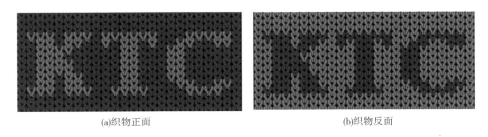

(a)织物正面　　　　　　　　　　　　　　　　(b)织物反面

图 5-2-2　线圈结构图

3. 设置循环

根据导入图片的高度与实际要织造的围巾长度进行循环编辑。如图 5-2-3 所示,设置循环编织 20 次。

4. 安排纱嘴

根据花型所需纱线安排纱嘴,如图 5-2-4 所示,将编织围巾的两种纱排在右边 4 号和 5 号纱嘴,分离纱排在右边 7 号纱嘴,橡筋纱排在左边 2 号纱嘴。

5. 导出上机文件

执行花型编译后即可导出上机文件,图 5-2-5 所示为上机织造后实物图,将产品导入数据库,可以随时读取。

图 5-2-3 循环编辑框

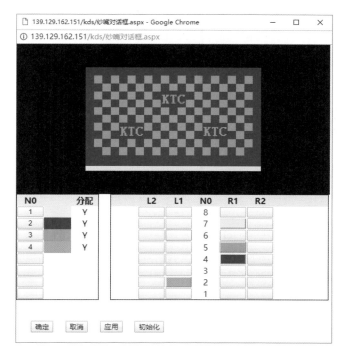

图 5-2-4 纱嘴排列

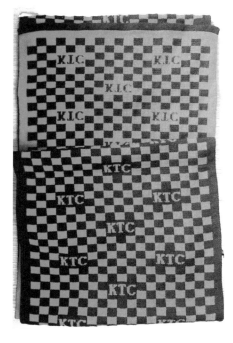

图 5-2-5 提花围巾实物图

二、提花毛衫产品设计

1. 导入图片

选择菜单中的导入图片作为花型元素,系统将在花型范围内循环放置导入的花型,如图 5-2-6 所示。

2. 提花编辑

选择菜单中的提花方式,提花毛衫常采用浮线提花,图 5-2-7 所示为提花后线圈结构图的正面与反面效果。

图 5-2-6　导入图片作为花型示意图

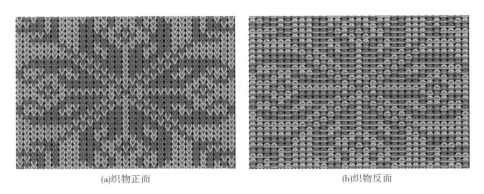

(a)织物正面 　　　　　　　　　　　　　　　　(b)织物反面

图 5-2-7　线圈结构图

3. 款式编辑

选择 V 领插肩袖套头衫,设置大身纵密为 82 横列/10cm,横密为 70 纵行/10cm,在图 5-2-8(a)上设置表 5-2-1 所示的规格参数,图 5-2-8(b)所示为设置收放针幅度,款式编辑好后可以选择保存款式,之后可以从款式库随时读取此款式数据。

表 5-2-1　款式规格数据

参数	尺寸/mm	参数	尺寸/mm
衣长 $l1$	660	腰部上围 $l11$	540
腰部平摇 $l2$	40	胸围 $l12$	540
腰上长 $l3$	405	领宽 $l13$	170
胸部平摇 $l4$	5	袖长 $l14$	760
袖窿深 $l5$	240	内臂袖长 $l15$	462
领深 $l6$	190	袖肘长 $l16$	525
领底宽度 $l7$	0	袖口宽 $l17$	120
后领深 $l8$	0	袖肘宽 $l18$	156
起头宽度 $l9$	540	袖肥 $l19$	210
腰部下围 $l10$	540	袖顶宽 $l20$	43

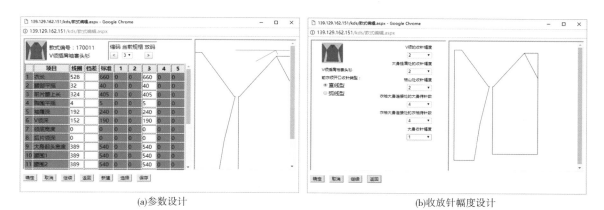

(a)参数设计　　　　　　　　　　　　　　(b)收放针幅度设计

图 5-2-8　款式编辑

4. 模型放置

选择合适的位置放置模型,图 5-2-9 所示为放置模型后的花型意匠图。

5. 安排纱嘴

根据花型所需纱线安排纱嘴,如图 5-2-10 所示,将大身与右侧领子纱线的纱嘴排列在右侧 3 号、4 号纱嘴,左侧领子纱线的纱嘴排列在左侧 4 号、5 号纱嘴,橡筋纱的纱嘴排列在左侧 2 号。

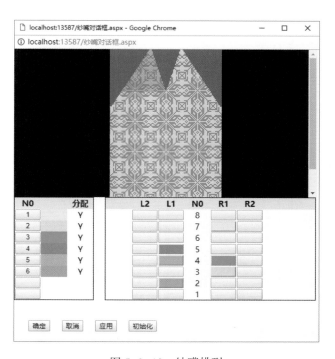

图 5-2-9　前片花型意匠图　　　　　　　　　图 5-2-10　纱嘴排列

6. 导出上机文件

执行花型编译后即可导出上机文件,依次导出 JAC、SET、SIN 文件,然后再设计后片和袖片,并导出上机文件,即可上机编织,图 5-2-11 所示为提花毛衫实物图。

图 5-2-11　提花毛衫实物

第六章　互联网经编 CAD 系统设计与实现

经编作为我国针织行业的一个分支,近年来规模不断扩大,是我国纺织行业中发展最快的产业之一。现代经编技术因拥有生产高效性、产品花型多样性以及织物结构灵活性等特点发展迅速。CAD 即计算机辅助设计,利用计算机的计算与判断功能进行各种工程或产品的设计与制造。在科技飞速发展的今天,计算机及 CAD 技术已经成为生产生活中不可分割的一部分,经编 CAD 也随着行业的需求不断完善成熟。目前,比较成功的经编 CAD 软件大多来自国外的纺织企业或国内一些纺织高校,例如德国 EAT 电气公司和 ALC 计算机公司联合开发的 Procad 系统,该系统设计合理,功能强大,能实现多种类型织物的设计,织物仿真效果逼真,并能与经编设备进行数据的传递与转移。在全球范围内使用最多的国内经编 CAD 软件是江南大学研发的 WKCAD 系统,该系统具有强大的花型设计和织物仿真等功能。然而在使用过程中,单机版 CAD 软件的局限性也慢慢显现出来。软件的安装、版本升级,局域网限制等因素阻碍了 CAD 软件的发展。在工业互联网不断发展的过程中,为了提升纺织行业在国际市场的竞争力,针织技术与互联网技术的融合已是必然趋势。基于互联网的 CAD 系统开发充分利用了互联网技术的强大优势,拓宽了系统的使用范围,为经编 CAD 系统的研发提供了新的思路与平台。

第一节　经编 CAD 系统结构设计

一、系统构架

利用互联网技术的 B/S 结构实现客户端与服务器端的交互设计,将系统功能核心数据保存在服务器端,简化了系统的开发、维护和使用;利用互联网技术的云存储技术,实现对针织产品所有数据信息的存储;用户可以在任何地方进行操作,提高了织物设计的方便性,同时用户能够实时查看产品数据库;应用大数据相关技术对所有存储信息进行科学分析,从而实现针织产品的智能设计;利用互联网的云计算技术实现大数据计算处理,加快系统响应速度,实现快速仿真,大图导入等功能。

系统采用了客户端与服务器端进行数据交互的结构,如图 6-1-1 所示,客户端是用户界面,可以进行花型设计、工艺设计和图片导入等操作,服务器端提供云存储功能,客户端可以将产品数据存储到服务器端,服务器端可以对数据进行处理分析,实现快速仿真,图片处理,并将处理后的信息返回到客户端,客户端对返回信息加以解析处理,显示在用户界面。

图 6-1-1　系统结构简图

二、交互关键技术

基于互联网的经编 CAD 系统最关键的技术就是实时交互。客户端主要采用 HTML5 进行网页设计,利用 HTML5 自带的 CSS 样式表美化网页,利用 HTML5 的 Canvas 元素构建设计界面,利用 Canvas 强大的绘图功能和鼠标事件实现织物垫纱运动图的设计、绘制及实物图、仿真图等图片的显示。

服务器端主要采用 ASP. NET 技术进行后台程序编写,利用 ASP. NET 的 ADO. NET 技术实现与远程服务器端数据 SQL 数据库的连接和调用,并实现对产品数据库的操作。利用 ASP. NET 的 GDI 绘图技术实现垫纱运动图的绘制。还利用其文件传输功能实现对 BMP 位图的处理和导入,并实现上机文件的导出。

客户端与服务器端数据的交互依靠 JavaScript 语言实现,JavaScript 语言可以完成客户端程序的编写,辅助 HTML5 实现各种功能,与服务器端进行数据传递,从服务器端获取的数据用 Session 对象保存,再借助 JavaScript 语言进行客户端与服务器端的传递和解析处理。客户端与服务器端的交互设计原理如图 6-1-2 所示。

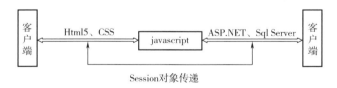

图 6-1-2　交互设计原理图

第二节　经编 CAD 系统模型建立

通过建立二维矩阵与经编针织物设计信息间的映射关系,实现各类针织物的数学模型。运用二维矩阵,经编针织物的设计主要是垫纱运动和穿经循环的设计。建立垫纱信息、穿经信息与二维矩阵的数学映射,对垫纱运动和穿经规律进行建模。

一、经编针织物设计模型

要实现织物垫纱设计图的绘制和设计,需要建立数学模型,将每一种线圈类型用数值代替,再与数组建立联系,并转换成计算机语言。

1. 建立垫纱数码数学模型

要绘制垫纱运动图,首先要判断是开口线圈还是闭口线圈,线圈的类型以及上下延展线的走向,几种基本的线圈类型以及代号如图 6-2-1 所示。

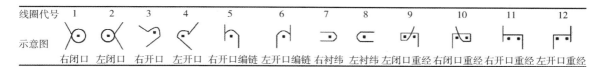

线圈代号	1	2	3	4	5	6	7	8	9	10	11	12
示意图	右闭口	左闭口	右开口	左开口	右开口编链	左开口编链	右衬纬	左衬纬	左闭口重经	右闭口重经	右开口重经	左开口重经

图 6-2-1　线圈类型代号

首先将每把梳的垫纱数码分解成一个三维矩阵 L,见式(6-1):

$$L = \begin{bmatrix} L_{1,h,0} & L_{1,h,1} \\ \vdots & \vdots \\ L_{1,1,0} & L_{1,1,1} \end{bmatrix}$$

(6-1)

式中:h 表示横列数;I 表示梳栉总数;$L_{1,1,0}$ 表示第一把梳栉在第一横列第一个位置上的数码;$L_{1,1,1}$ 表示第一把梳栉在第一横列第二个位置上的数码。例如垫纱数码 GB1:1-0/1-2//,分解后 $L_{1,1,0}=1$,$L_{1,1,1}=0$;$L_{1,2,0}=1$,$L_{1,2,1}=2$。

根据垫纱数码判断线圈的开闭口情况,对于经编组织,每个横列上,如果针前横移方向与针背横移方向相反,则为闭口线圈,相同则为开口线圈。垫纱数码由短横线连接的两个数字代表针前横移针数,故针前横移为 $L_{1,1,0}-L_{1,1,1}=1$,由"/"连接的两个数字代表针背横移,故针背横移为 $L_{1,1,1}-L_{1,2,0}=-1$,两者相乘为负数时,则为闭口线圈,即横移方向相反,反之为开口线圈,即横移方向相同。

判断线圈类型时,根据针前垫纱判断是成圈、衬纬还是重经组织。针前横移一针,即 $L_{1,1,0}-L_{1,1,1}=1$ 的为普通成圈组织;针前不横移,即 $L_{1,1,0}-L_{1,1,1}=0$ 的为衬纬组织;横移两针,即 $L_{1,1,0}-L_{1,1,1}=2$ 的为重经组织。

对于垫纱数码 GB1:1-0/1-2//,分解处理后每个横列参照图 6-2-1 得到对应的线圈类型代号,见表 6-2-1。

表 6-2-1　线圈代号对应表

横列数码	代号	横列数码	代号
1-0	1	1-2	2

这样就将一个垫纱数码转换成了数字信息,再存到一个二维数组 ka 中,根据对应的数字代号进行绘制。

2. 建立穿经数学模型

绘制垫纱效应图除了需要垫纱组织信息外,还需要穿经信息,即每把梳栉的穿纱规律,组织结合穿纱才能产生方格、网眼等各种花型效果。这里用一个二维矩阵 T 来表示穿经矩阵,见式(6-2):

$$T = \begin{bmatrix} T_{1,1} & \cdots & T_{1,w} \\ \vdots & T_{j,k} & \vdots \\ T_{I,1} & \cdots & T_{I,w} \end{bmatrix} \quad (6-2)$$

式中:w 表示花宽,即穿纱范围;I 表示梳栉总数;$T_{1,1}$ 表示第一把梳栉在第一个穿纱位置上的穿纱情况;$T_{I,w}$ 表示第 I 把梳栉在第 w 个位置上的穿纱情况,已穿纱用数值 1 表示,空穿用数值 0 表示。图 6-2-2 所示为穿纱情况与对应矩阵图。

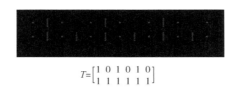

$$T = \begin{bmatrix} 1 & 0 & 1 & 0 & 1 & 0 \\ 1 & 1 & 1 & 1 & 1 & 1 \end{bmatrix}$$

图 6-2-2 穿纱图的数学表示

通过建立穿纱循环和垫纱数码数学模型,针对具有多个功能分区、组织结构多样的经编提花间隔成形鞋面材料、双针床短毛绒以及轴向经编针织物等多种复杂结构的织物实现更为高效的计算机辅助设计。另外,还结合组织设计的特点分别建立垫纱运动图、意匠图数学模型,以及二维、三维矩阵模型等,利用 Visual Studio 设计平台开发经编针织物设计系统,实现直观、快速、准确的经编产品设计。

二、经编针织物仿真模型

为了解决二维经编织物的仿真缺乏立体感,不便于直观理解线圈的串套关系,在研究不同类型经编线圈形态的基础上,从理论上建立了每种线圈的几何模型。在经编线圈的串套原理基础上,将线圈进行分割,用三维坐标点确定线圈的轨迹,模拟出理论状态下线圈的形态,再引入受力变形、光照等因素,进一步加深其真实感和立体感。在三维状态下,线圈的覆盖与串套关系更加清晰明了,而且 WebGL 技术提供了放大缩小、翻转等功能,可以多角度观看线圈结构,帮助合成织物的立体效果。同时光照和变形的引入使线圈更具层次感,因此,三维仿真弥补了二维仿真的不足,更具参考价值。

1. 线圈主干建模

判断完线圈的类型后,便可以根据每种线圈类型进行三维建模,建模之前首先要对线圈结构进行分割,把线圈分为线圈主干加延展线,线圈主干又可以分割为圈弧和圈柱,为了使绘制出来的圈弧更加圆滑,用 5 个点来模拟圈弧,具体取点如图 6-2-3 所示。

图 6-2-3 中,$P_1 \sim P_7$ 为线圈主干的取点,$P_2 \sim P_6$ 为圈弧取点,w 为线圈的总宽度,b 为线圈没

有被圈弧盖住显露在外面的高度,为了方便定位和调整,这些型值点都是在中心点 P 的基础上进行平移得到的。图中各个参数的解释如下:

w_1:P_3 或 P_5 到线圈中线的距离;

w_2:P_2 或 P_6 到线圈中线的距离,其长度等于总宽 w 的一半;

w_3:P_1 或 P_7 到线圈中线的距离;

b_1:P_2 或 P_6 到线圈顶点 P_4 的高度,也是圈弧的高度,实际绘制时只需调整各个部位的宽度和高度即可改变线圈的形态,为了使圈弧能压住圈柱,在 z 轴方向上,从 P_4 往下 z 轴减小,考虑到梳栉的覆盖关系,线圈主干的 z 坐标还与梳栉编号有关,以右闭口为例,P_1 到 P_7 点的取值如下:(P_x、P_y、P_z 为中心点 P 的 x、y、z 坐标)

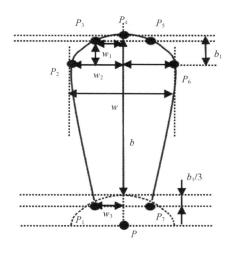

图 6-2-3　线圈主干模型

P_1:$x=P_x-w_3$,$y=P_y+b_1/3-(I-i)\times d$,$z=P_z-2\times d-(I-i)\times d$;

P_2:$x=P_x-w_2$,$y=P_y+b$,$z=P_z-(I-i)\times d$;

P_3:$x=P_x-w_1$,$y=P_y+b+w_1$,$z=P_z-(I-i)\times d$;

P_4:$x=P_x$,$y=P_y+b+b_1$,$z=P_z-(I-i)\times d$;

P_5:$x=P_x+w_1$,$y=P_y+b+w_1$,$z=P_z-(I-i)\times d$;

P_6:$x=P_x+w_2$,$y=P_y+b$,$z=P_z-(I-i)\times d$;

P_7:$x=P_x+w_3$,$y=P_y+2\times b_1/3-(I-i)\times d$,$z=P_z-2\times d-(I-i)\times d$。

式中:d 为纱线直径;I 为梳栉总数。

衬纬的模型比较简单,但衬纬的情况比较复杂,在绘制时存在多种形态,为了更好地模拟衬纬的形态,每种类型的取点情况不同。这里以一种情况为例介绍其取点情况,如图 6-2-4 所示。

图 6-2-4 中,w_5 为衬纬线圈到中线的最大距离,其取值比 w_3 大,衬纬线圈用 $P_0 \sim P_3$ 四个点表示模型,以所衬线圈的 P_1 和 P_7 点(图 6-2-3)所在平面为中线,故在此基础上,衬纬线圈的四个点坐标取值如下:

P_0:$x=P_x+n\times w/2$,$y=P_y+b_1/3-b/2$,$z=P_z+d/2$;

P_1:$x=P_x-w_5$,$y=P_y+b_1/3-b_1/2$,$z=P_z+d/2$;

P_2:$x=P_x-w_5$,$y=P_y+b_1/3+b_1/2$,$z=P_z+d/2$;

P_3:$x=P_x+n\times w/2$,$y=P_y+b_1/3+b/2$,$z=P_z+d/2$。

式中:n 为衬纬跨越线圈纵行数。

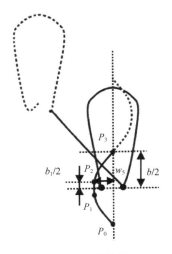

图 6-2-4　衬纬模型

其他情况取点都在此基础上进行改变,如果是表 6-2-2 中的第 8 种情况,则把 P_0 的 x 坐标向右横移 w 即可,即 $P_x+n×w/2-w$,其余三点坐标不变;第 9 种情况,取 $P_1 \sim P_3$ 三个点;第 10 种情况,取 $P_0 \sim P_2$ 三个点;最后一种情况,取 $P_1 \sim P_2$ 两个点即可。衬纬在针的右侧时,情况类似。

表 6-2-2　衬纬类型分类

	情况	条件	延展线形态
右侧	1	$s[i,j,1]<s[i,j+1,0]\&s[i,j,0]<s[i,j-1,1]$	上下延展线同在左侧
	2	$s[i,j,1]<=s[i,j+1,0]\&s[i,j,0]>s[i,j-1,1]$	下延展线左侧,上延展线右侧
	3	$s[i,j,1]<s[i,j+1,0]\&s[i,j,0]=s[i,j-1,1]$	下延展线垂直,上延展线左侧
	4	$s[i,j,1]=s[i,j+1,0]\&s[i,j,0]<s[i,j-1,1]$	下延展线左侧,上延展线垂直
	5	$s[i,j,1]=s[i,j+1,0]\&s[i,j,0]=s[i,j-1,1]$	上下延展线均垂直
左侧	6	$s[i,j,1]>s[i,j+1,0]\&s[i,j,0]>s[i,j-1,1]$	上下延展线同在右侧
	7	$s[i,j,1]>s[i,j+1,0]\&s[i,j,0]<s[i,j-1,1]$	下延展线右侧,上延展线左侧
	8	$s[i,j,1]>s[i,j+1,0]\&s[i,j,0]=s[i,j-1,1]$	下延展线垂直,上延展线右侧
	9	$s[i,j,1]=s[i,j+1,0]\&s[i,j,0]>s[i,j-1,1]$	下延展线右侧,上延展线垂直
	10	$s[i,j,1]=s[i,j+1,0]\&s[i,j,0]=s[i,j-1,1]$	上下延展线均垂直

2. 线圈的连接与绘制

线圈主干取点确定好后,根据上下横列的线圈将延展线的形态确定,确定好后用两个点固定上下延展线的位置,以左闭口线圈为例,其延展线的形态和取点如图 6-2-5 所示。

P_8 是上一横列延展线的末点,P_0 是当前横列延展线的起点,为了能使圈弧压住圈柱,并且延展线满足靠前的梳栉延展线在前面的关系,这两点的 z 坐标需要与梳栉建立联系。具体取值如下:

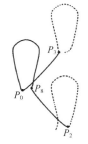

图 6-2-5　延展线取点

$P_2: x=P_x+w_5, y=P_y+b_1/3, z=P_z+d+(I-i)×d$;

$P_3: x=P_x, y=P_y+0.8×b_1, z=P_z+2×d+(I-i)×d$。

从取值上可以看出,这两点的 z 坐标都大于 0,线圈主干点的 z 坐标取值都小于或等于 0,这样将延展线和线圈主干完全分开,既保证了延展线的覆盖关系,也不会产生嵌入等现象。延展线的点取好后就可以开始绘制连接了,理论状态下即线圈不发生变形的情况下,绘制效果如图 6-2-6 所示。

图 6-2-6(a)所示为两梳的经平绒织物仿真,两把梳的组织为:

GB1:1-0/1-2//,GB2:2-3/1-0//。

图 6-2-6(b)所示为花宽为 14、花高为 16 的三梳方格织物仿真,三把梳的组织为:

GB1:1-0/2-3/1-0/2-3/1-0/2-3/1-0/2-3/1-0/1-2/2-1/1-2/2-1/1-2/2-1/1-2//,

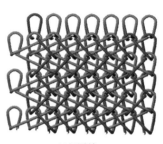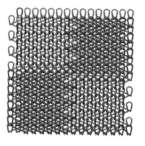

(a)经平绒   (b)三梳方格

图 6-2-6 仿真实例

GB2:1-0/1-2/2-1/1-2/2-1/1-2/2-1/1-2/1-0/2-3/1-0/2-3/1-0/2-3/1-0/2-3//，

GB3:2-3/1-0/2-3/1-0/2-3/1-0/2-3/1-0/2-3/1-0/2-3/1-0/2-3/1-0/2-3/1-0//；

图 6-2-6(b)中包含了闭口、开口及编链等线圈类型,从图中可以看出线圈连接情况较好。实际织物中,线圈会因为受力而发生变形,形成网孔等特殊组织,这需要对相邻线圈进行判断,如果连续相邻线圈之间没有延展线相连,则会形成网孔。但是在理想状态下,网眼不明显,加入受力变形之后,网眼仿真效果会更加真实,具有参考价值。

三、经编针织物虚拟展示模型

1. 服装模型

采用 Alpha-Shapes 算法提取人体的特征点及特征面,并建立相应的截面凸包,实现人体特征尺寸的提取,并将人体模型参数化。在此基础上,通过使用 RBF 算法实现人体模型的参数化变形。图 6-2-7 所示为一款经编无缝服装三维虚拟展示图。

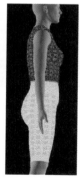

图 6-2-7 三维经编无缝服装效果展示图

在 CLO3D 软件中,可以导入服装衣片的 DXF 文件,或者直接调用软件绘制的衣片。

CLO3D 的右侧界面可以绘制衣片的轮廓线,左侧界面为三维空间,可以加载人体模型。通过点定位方法,使人体与衣片的定位点一一对应,衣服能够准确地贴合在人体上,体现织物的穿着模拟效果。

图 6-2-8　泳装虚拟展示

根据织物属性与场景的需求,可以改变面料属性的设置,从而提高虚拟模型的真实感。根据服装的真实穿着情况,模拟服装的褶皱、形变等特性,从而使制作出的完整衣片能在更大程度上接近现实。例如,针对比较紧身的泳衣,可以加大压力值,使衣片更加贴身。图 6-2-8 所示即为模拟得到的泳装虚拟展示。

2. 场景模型

利用几何建模法、基于粒子系统的物理建模法以及两者结合的混合建模法实现织物的三维建模;通过三维场景模型的建立,根据需要设定灯光、场景风格等参数,完成真实场景效果的模拟。

通过 3DS MAX 中的多边形建模方法,可以对门、窗、家具进行简单的三维建模。除了直接绘制模型,还可以采用复合物体建模法对已有的三维物体进行组合,构成一个全新的三维模型。

以家具中的沙发为例,沙发的外形结构较简单,可采用长方体、圆柱体等立体图形拼接完成模型的大致外形,再通过编辑网格的方法得到相应曲线及弧面,最后对模型的细节部分进行调整,以提高模型外观。图 6-2-9 所示为初步完成的沙发模型。

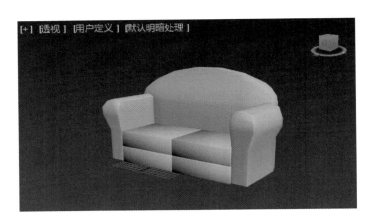

图 6-2-9　初步完成的沙发模型

第三节　经编 CAD 系统功能实现

基于互联网的织物设计借助于 HTML5 的 Canvas 元素构架设计视图。Canvas 元素具有强大的可操作性,且支持鼠标事件。利用 JavaScript 语言完成客户端程序的编写。经编织物设计界面如图 6-3-1 所示。

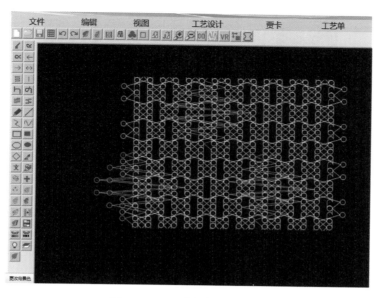

图 6-3-1　经编织物设计界面

一、垫纱图绘制

垫纱运动图的绘制包括 Canvas 上的图形绘制和 bitmap 上的图形绘制。一个是客户端的操作界面,一个是服务器端的显示界面。在 Canvas 上的垫纱图可以监测到鼠标事件,用户可以在该界面上进行织物设计。bitmap 上的垫纱图主要作用是显示设计的织物,不能进行操作。实现这两种界面功能的编程语言虽然不同,但设计图案的绘制原理是相同的。如图 6-3-2 所示,确定画布上的坐标原点,纵向跨度 g_y 和横向跨度 g_x。建立三维坐标与三维数组之间的联系,图中 p_y 为每把梳在每个横列上的偏移量,即针背横移量。

P_0 为坐标原点, g_x 为横向跨度, g_y 为纵向跨度, k 为花宽范围内的针号, 取值范围为 $1\sim w$, j 为花高范围内的横列编号, 取值范围为 $1\sim h$

图 6-3-2　绘制原理图

Canvas 是本系统完成交互设计的一个重要元素。利用 JavaScript 语言实现绘图和鼠标事件,根据数字代号识别线圈类型进行图形绘制。JavaScript 语言里封装的图形绘制函数可以直接调用,根据实际情况输入参数即坐标点即可。具体实现效果如图 6-3-3 所示。

互联网经编 CAD 系统服务器端的垫纱运动图、仿真图等图片的显示都依靠 ASP. NET 下的 bitmap 画布来显示,直接调用 C#语言中封装的画图函数,其原理与 JavaScript 相同,但是 C#语言只是服务器端的编程语言,无法监测到客户端的鼠标事件,其具体实现效果如图 6-3-4 所示。

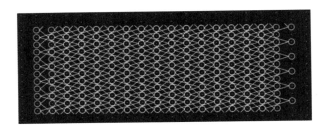

图 6-3-3　Canvas 垫纱图示例

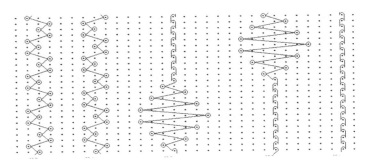

图 6-3-4　Bitmap 垫纱运动图示例

二、三维仿真的实现

利用 WebGL 加 THREE.js 技术实现经编线圈的三维模拟,利用 THREE.js 库中的 TubeGeometry 高级几何体来形成管道,它的原理是沿着一条三维样条曲线拉伸出一根管子,通过顶点来定义路径,然后利用 TubeGeometry 来创建这根管子,并且 TubeGeometry 具有自动连接功能,因此改进了三维线圈模型,确定型值点的取值,实现各种类型线圈的任意连接,从而产生方格、网眼等多种效应,再加上变形、光照和材质因素,进一步提升其真实和立体感。

1. TubeGeometry 原理

TubeGeometry 是 THREE.js 库中的一种高级几何体,THREE.js 是 WebGL 框架中的一个类库,它提供了 3D 渲染需求中的一些重要工具方法和渲染循环。使用 TubeGeometry 来创建管子时需要指定一条路径,即形成线圈轨迹的一组类型为 THREE.Vector3 的顶点。除此之外,TubeGeometry 还有一些别的常用属性,具体如下。

path:此属性定义一条类型为 THREE.SplineCurve 的路径,以便指定管道应当遵循的路径,即上面提到的顶点。

tubularSegments:此属性定义构建管道时沿路径方向所需的分段数,默认值是 64,一般路径越长,指定的分段数应该越多。

radius:此属性定义管道的半径。默认值是 1。

radiusSegments:此属性定义管道沿圆周方向的分段数,默认值是 8,分段数越多,越圆滑。

colosed:此属性定义管道的首尾是否会连接起来,默认值是 false,如果为 true,THREE.Tube-

Geometry 头和尾部会连接起来。

TubeGeometry 省去了自己构建样条曲线模型的步骤,同时提供了更多属性参数,可以使绘制出来的管子更加圆滑、大小可调,使用方便。

因为 TubeGeometry 创建管子时是根据一组顶点创建的,结合经编织物的垫纱特点,将一把梳所有横列线圈的顶点合成一组类型为 THREE.Vector3 的顶点,这样绘制时直接生成一把梳的轨迹,轨迹中间不会产生衔接不上、断口等现象,直接是一条光滑的曲线。

2. 线圈类型分析

经编织物是由一个一个线圈相互串套而成,线圈与线圈之间由延展线相连,因此为了更好地模拟线圈的形态结构,需要对经编线圈进行深入研究。经编线圈不同于纬编和机织,线圈类型更加多样,因此需要对经编织物的每种线圈类型进行研究,建立适用于每种线圈结构特点的三维模型,从而实现计算机三维仿真。

(1)判断线圈类型。根据经编织物的针前、针背垫纱规律,可以形成开口、闭口、衬纬和重经等多种类型的线圈。当一个线圈为闭口线圈时,即针前和针背横移方向相反,也有两种情况,针前往右,针背往左,此时线圈会在右侧成圈,形成右闭口线圈,如图 6-3-5(a)所示,反之,针前往左,针背往右,线圈在左侧成圈,形成左闭口线圈,如图 6-3-5(b)所示。因此针前、针背的垫纱方向影响着线圈的形态,在进行三维建模之前,首先需要根据针前、针背的垫纱规律确定线圈的类型。

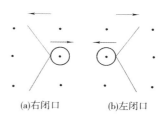

(a)右闭口　　(b)左闭口

图 6-3-5　闭口线圈

①闭口、开口线圈类型判断。在知道线圈为开口线圈和闭口线圈之后,还需要根据前一横列和后一横列的线圈来进一步确定线圈的延展线方向。用一个三维数组 S(式 6-3)来存储当前横列的起点和结束点。

$$S_0 = \begin{bmatrix} S_{1,h,0} & \cdots & S_{I,h,0} \\ \vdots & S_{i,j,0} & \vdots \\ S_{1,1,0} & \cdots & S_{I,1,0} \end{bmatrix} \quad S_1 = \begin{bmatrix} S_{1,h,1} & \cdots & S_{I,h,1} \\ \vdots & S_{i,j,1} & \vdots \\ S_{1,1,1} & \cdots & S_{I,1,1} \end{bmatrix} \quad (6-3)$$

式中:h 表示横列数;I 表示梳栉总数;$S_{i,j,0}$ 表示第 i 把梳栉在第 j 横列起点;$S_{i,j,1}$ 表示第 i 把梳栉在第 j 横列结束点,这里的起点和结束点不是指用短横线连接的两个数字,而是指在绘制垫纱图时轨迹的起始针位和结束针位,具体如图 6-3-6 所示。

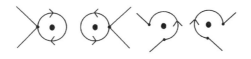

图 6-3-6　绘制轨迹

图 6-3-6 中,黑色小箭头表示线圈的绘制方向,闭口线圈从一个点进去,又从同一点出来,开口线圈则从一个点进去,从另一个点出来,这样闭口线圈的起点和结束点都是同一个数字,而

且都是当前横列的第一个数码,例如 GB1:1-0/1-2//,故 $S_{1,1,0}=S_{1,1,1}=1$,$S_{1,2,0}=S_{1,2,1}=1$;开口线圈的起点即当前横列的第一个数码,结束点即当前横列的第二个数码,例如 GB1:0-1/2-1//,故 $S_{1,1,0}=0$,$S_{1,1,1}=1$,$S_{1,2,0}=2$,$S_{1,2,1}=1$。得到数组 S 后就可以判断出延展线的方向。

当一个线圈为闭口线圈时,如果当前横列的 S_0 和 S_1 为当前横列的大数码,则为右闭口,上下横列的延展线都在线圈左侧,如图 6-3-5(a)所示,反之在右侧,延展线在线圈右侧,如图 6-3-5(b)所示;当一个线圈为开口线圈时,情况较为复杂,具体判断条件、对应的线圈及延展线形态见表 6-3-1。

表 6-3-1　开口线圈延展线分类

线圈方向	条件	线圈类型
左开口	$S[i,j,0]<=S[i,j-1,1]\&S[i,j,1]>=S[i,j+1,0]$	编链或经缎
	else	普通开口
右开口	$S[i,j,0]>=S[i,j-1,1]\&S[i,j,1]<=S[i,j+1,0]$	编链或经缎
	else	普通开口

表 6-2 中,左开口即当前横列的 S_0,为当前横列的大数码情况,右开口即当前横列的 S_0,为当前横列的小数码情况,else 表示不满足前一种条件的情况。这样就把开口线圈的延展线走向进行了分类。

②衬纬类型判断。衬纬和缺垫都是不在针前垫纱,故起点和结束点都是一个位置,例如 GB2:1-1/2-2//,故 $S_{1,1,0}=S_{1,1,1}=1$,$S_{1,2,0}=S_{1,2,1}=2$;判断时首先要判断衬纬或缺垫在针的左侧还是右侧,这个一般根据上下横列来判断,判断完左右后,还要进一步根据上下横列判断衬纬或者缺垫的延展线形态。具体判断条件和衬纬类型见表 6-3-2。

表 6-3-2　衬纬类型分类

	条件	延展线形态
右侧	$S[i,j,1]<S[i,j+1,0]\&S[i,j,0]<S[i,j-1,1]$	上下延展线同在左侧
	$S[i,j,1]<=S[i,j+1,0]\&S[i,j,0]>S[i,j-1,1]$	下延展线左侧,上延展线右侧
	$S[i,j,1]<S[i,j+1,0]\&S[i,j,0]=S[i,j-1,1]$	下延展线垂直,上延展线左侧
	$S[i,j,1]=S[i,j+1,0]\&S[i,j,0]<S[i,j-1,1]$	下延展线左侧,上延展线垂直
	$S[i,j,1]=S[i,j+1,0]\&S[i,j,0]=S[i,j-1,1]$	上下延展线均垂直
左侧	$S[i,j,1]>S[i,j+1,0]\&S[i,j,0]>S[i,j-1,1]$	上下延展线同在右侧
	$S[i,j,1]>S[i,j+1,0]\&S[i,j,0]<S[i,j-1,1]$	下延展线右侧,上延展线左侧
	$S[i,j,1]>S[i,j+1,0]\&S[i,j,0]=S[i,j-1,1]$	下延展线垂直,上延展线右侧
	$S[i,j,1]=S[i,j+1,0]\&S[i,j,0]>S[i,j-1,1]$	下延展线右侧,上延展线垂直
	$S[i,j,1]=S[i,j+1,0]\&S[i,j,0]=S[i,j-1,1]$	上下延展线均垂直

表 6-3 中,左侧、右侧指衬纬在针的左侧和右侧,条件用来判断衬纬的实际形态,最后一列为衬纬线圈上下延展线的走向。通过上述判断即可获得衬纬的类型,再根据每种类型进行三维建模,可以较好、较全面地模拟出衬纬或缺垫的形态。

在理论状态下,即线圈不发生倾斜的情况下,除了衬纬和重经,线圈的主干是相同的,利用 TubeGeometry 的自动连接功能,在取点时,每个线圈取点包括线圈主干加前一个横列延展线的末点和当前横列延展线的起点,这样即可实现线圈的任意连接。根据垫纱规律判断好线圈类型后,再根据每种类型进行三维建模,可以较好、较全面地模拟出每种线圈的形态。

3. 线圈的变形

经编网眼织物利用相邻的线圈纵行局部失去联系从而形成一定形状的网眼,网眼的形状主要有椭圆形、菱形和六角形。理想状态下的线圈不发生偏移,虽能看到线圈之间无联系,但网孔效果不明显,为了使网孔效果更加明显,就需要对每个线圈进行受力分析,使之在受力的作用下发生变形,突出网孔效果。

图 6-3-7 受力分析

由于延展线及线圈的相互串套,线圈会发生一定程度的倾斜或偏移,图 6-3-7 所示为一个网眼织物网孔部分线圈的受力分析图,a、b、c、d 分别为四个线圈,由于相互之间无延展线,故中间会形成网孔,图中箭头表示延展线的拉力方向,a 线圈上下延展线的拉力分解后,垂直方向上的力相互抵消,最终合力方向向左,a 线圈的圈柱底部,c 线圈的圈弧即图中左边方框部分将向左偏移,同理,b 线圈、d 线圈串套处受到向右的合力,故右边方框部分会向右偏移,最终使得中间的网孔变大。

为了更好地判断线圈的变形情况,分别判断线圈的圈弧和圈柱底部,即每个线圈与上下线圈串套的部分,图 6-3-7 中 a 线圈与 c 线圈串套部分受到向左的合力,故线圈底部向左偏移,圈弧部分受到上一横列向右的合力,故圈弧部分向右偏移,最终线圈会成一个倾斜状态,同理,c 线圈上下均受到向左的力,线圈整体往左偏移,对每个线圈进行受力判断,得到每个线圈上下部分的偏移方向,并根据受力大小求出偏移距离,改变对应点的 x 坐标即可,未发生变形状态下的三维仿真图和加入受力变形之后的三维仿真图对比效果如图 6-3-8 所示,对比可见,网孔更加明显。

4. 光照和渲染

三维仿真的最后一步就是光照和渲染,为了进一步加深真实感,在三维空间内加入不同方向的光照,使织物产生明暗效应,同时利用 WebGL 进行场景渲染,创建管道,管道的半径可以调节,并可以改变颜色,选择感光材质,否则将对光源不敏感,最终得到立体效应更强的三维仿真效果。WebGL 有多种光源可供选择,包括:

环境光:一种无处不在的光,任何物体任何方向都可以感受的光源,这种光源和物体的距

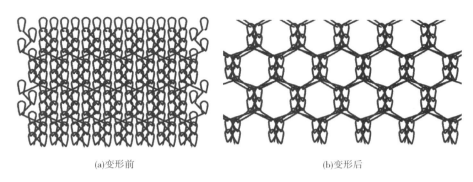

(a)变形前   (b)变形后

图 6-3-8 　网孔变形对比图

离、方向、角度无关;

点光源:光源放出的光线来自同一点,然后向四面八方辐射;

聚光灯:这种光源的光线从一个锥体中射出,在被照射的物体上产生聚光的效果;

方向光:一组没有衰减的平行的光线。

经过对这几种光的测试,发现点光源和聚光灯都有衰减,容易造成光照不均匀、边缘不清的现象,环境光模拟了自然界光的漫反射,弥补了平行光源的缺点。如果只使用环境光的话,无法表现出模型的凹凸;只使用平行光源的话,阴影过于严重,无法分清模型的轮廓。故上例中的网眼织物三维仿真,结合环境光和平行光两种光源,效果较好,如图 6-3-9 所示。

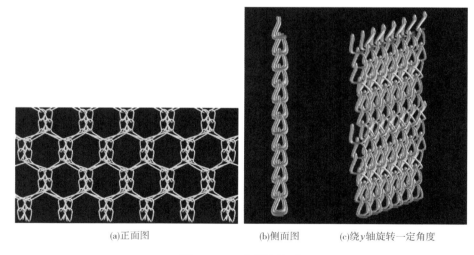

(a)正面图   (b)侧面图   (c)绕 y 轴旋转一定角度

图 6-3-9 　光照渲染后

从图 6-3-9 中可以看出,加入光照和渲染之后,管道的立体感更强,三维效果更加明显,线圈的串套关系更加清晰明了。

基于 WebGL 的经编织物三维仿真利用 TubeGeometry 高级几何体和 THREE. js 技术,省去了样条曲线建模和光照等参数的建模,使经编织物的三维仿真变得简单,同时,TubeGeometry 高级几何体的自动连接解决了不同类型线圈的衔接问题。充分研究与分析 TubeGeometry 的建模原理以及经编线圈类型,根据每种线圈类型进行三维建模,确定描述每种线圈类型路径的三维型值点个数及取值,并与梳栉数和纱线直径建立联系。改进了线圈取点,实现了线圈的任意连接。

通过研究线圈的受力变形,对每个线圈进行受力分析,可建立线圈变形的受力模型,并判断每个线圈在受力作用的偏移方向及位移,在原状态即理想状态下进行变形,改变坐标点,得到变形后的三维仿真图,对比发现加入受力变形后,网孔等效应更加明显,更具有参考价值。最后还进行了光照和渲染,使三维仿真效果更加立体、线圈及延展线的覆盖关系更加清晰。

经编织物因其结构的复杂性,在三维仿真上具有一定的难度。但三维仿真较二维仿真的优势更显而易见,目前对经编织物的三维仿真多在少梳织物上,对更复杂的经编织物,如多梳、花边等则研究较少,虽然具有一定难度,但随着互联网技术的发展,纺织行业对于织物仿真要求的提高,三维仿真将会是未来经编织物仿真的一个发展方向。

三、虚拟展示的实现

三维虚拟展示利用 WebGL 技术,对人体和衣片进行在线建模。通过场景渲染、光照等参数的设置,增加三维仿真物体的真实感。同时,能够通过鼠标控制模型的大小与位置,方便用户全方位查看三维模型的细节。

1. 人体模型与材质的加载

由于人体模型多样,人体模型与材质的加载函数需要多次调用,于是在外部创建了一个 JS 文件专门进行人体模型与材质的加载。具体实现代码如下:

```
var mtlLoader = new THREE. MTLLoader( );
var renti = THREE. Mesh;
mtlLoader. load( mtlrenti, function ( materials ) {
    materials. preload( );
    var loader4 = new THREE. OBJLoader( );
    loader4. setMaterials( materials );
    loader4. load( objrenti, function ( object ) {
        object. traverse( function ( child ) {
            if ( child instanceof THREE. Mesh ) {
                child. position. y = −50;
            }
        }
        renti = object;
        console. log( renti );
        scene. add( renti );
    }
}
```

人体模型如图 6-3-10 所示。

(a)正面　　　　　　　　　　　　　　　　(b)背面

图 6-3-10　人体模型

其中,OBJLoader 加载器进行加载后便是一个网格模型。如果要给网格模型赋予材质,就要先前加载 MTLLoader,在 OBJLoader 加载函数中设置材质:loader4. setMaterials(materials);材质中包含了纹理贴图的信息,即皮肤等贴图,这样便可使人体模型更加生动。

2. 衣片的加载与纹理映射

目前对于衣片材质的纹理要求是四方连续图案,如图 6-3-11 所示:

通过 ImageLoader 加载图片,再将图片赋予纹理的 image 属性,并且进行实时更新。之后再把 garment-Texture 纹理赋予通过 OBJLoader 加载的网格模型的材质的纹理。并且通过 GUI 设置实现纹理的大小可调。具体实现代码如下:

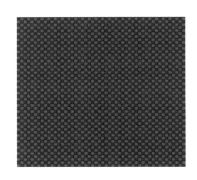

图 6-3-11　纹理图片

```
var loader = new THREE. ImageLoader();
loader. load(texture1, function (image)
{
    garmentTexture. image = image;
    garmentTexture. needsUpdate = true;
}
var qipao = THREE. Mesh;
var loader2 = new THREE. OBJLoader();
loader2. load(cloth1, function (object) {
    object. traverse(function (child) {
        if (child instanceof THREE. Mesh) {
            child. material. map = garmentTexture;
            child. position. y = -50;
        }
```

```
        }
    qipao = object;
    scene. add( qipao) ;
}
```

图 6-3-12 所示为纹理贴图后的模型。

图 6-3-12　纹理贴图模型

第七章　互联网经编 CAD 系统功能与应用

第一节　互联网经编 CAD 系统主要功能

一、界面风格

登录网页,输入用户名和密码,进入花型设计界面,如图 7-1-1 所示。

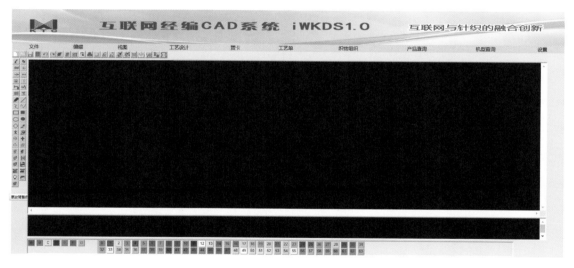

图 7-1-1　主窗口界面

主窗口主要包括主菜单、工具栏、标尺栏、主作图区、状态栏等,简洁直观、操作方便。

1. 主菜单

包括文件、编辑、视图、工艺设计、贾卡、工艺单、织物组织、产品查询、机型查询和设置。在软件的使用过程中,选择相应的菜单命令来执行指定的任务,每个菜单的特定功能按一定的方式排列,以方便用户调用,主菜单界面如图 7-1-2 所示。

| 文件 | 编辑 | 视图 | 工艺设计 | 贾卡 | 工艺单 | 织物组织 | 产品查询 | 机型查询 | 设置 |

图 7-1-2　主菜单界面

图 7-1-2 显示的是主菜单,每个主菜单下还有相应的子菜单。当光标移动至某一菜单项时,该菜单项会增加选中框,表示"选中"该菜单项;若该菜单项有子菜单,当光标移动至菜单项时,子菜单会自动下拉显示。

2. 工具栏

包括常用的功能按钮,可分为位于花型设计区上方的"标准工具条"与左侧的"绘图工具栏"。点击工具栏上的按钮可快速实现相应的功能。

3. 花型设计区

经编 CAD 系统的主要工作区,是花型显示以及用户进行花型设计的区域。

4. 状态栏

位于界面最下方,显示当前操作的坐标位置、纱线颜色、设计时间以及用户名称等信息。

菜单里能够选择工艺单、数据输出与图片导入等功能,具体功能如下。

1. 文件菜单

在新建花型之前,文件菜单如图 7-1-3 所示,包含新建、打开、保存、另存为、数据库、导入BMP/导出 BMP、导出上机文件、图片上传与打印工艺单。

(1)新建。建立一个新的花型,点击新建弹出新建花型对话框,如图 7-1-4 所示。

图 7-1-3　新建文件

图 7-1-4　新建文件参数设置

(2)打开。打开一个已保存的 * . wkp 文件。

(3)保存。保存为 * . wkp 文件。

(4)另存为。将当前花型文件保存到电脑里的非默认路径。

(5)数据库。导入数据库:保存到数据库,将设计好的产品导入至产品数据库并保存;另存到数据库:将设计好的产品另存到数据库里,产品数据库存在两个一样的产品。

(6)导入 BMP。导入一个 * . bmp 文件直接生成花型。

(7)导出 BMP。将设计好的产品花型以 * . bmp 形式的文件导出并保存。

（8）导出上机文件。导出一个 ∗ . wkc 格式的上机文件。

（9）图片上传。上传所设计的织物对应的实物图。

（10）打印工艺单。打印设计完成的工艺单。

2. 编辑菜单

（1）整经编辑。图 7-1-5 所示为经编织物的整经编辑界面。在此界面上,可以根据编织的实际需求,设置纱线整经的具体参数,如原料和排纱方式、整经速度、整经长度、整经转速、整经张力、牵伸比、头纹数和盘头数。

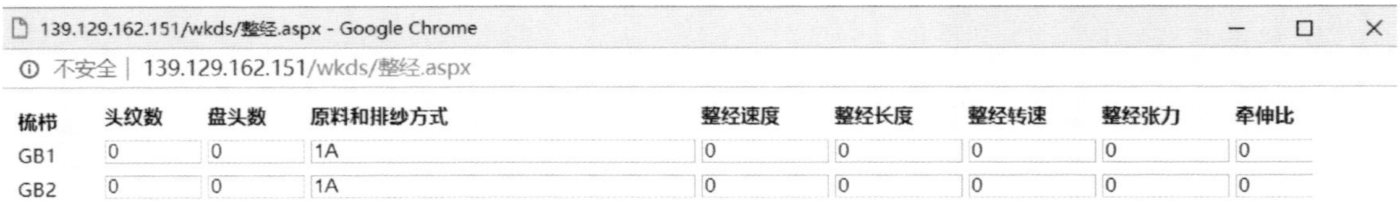

图 7-1-5　整经编辑界面

（2）原料编辑。编辑菜单下的“原料编辑”子功能按钮,可以弹出如图 7-1-6 所示的原料编辑对话框。包含的原料信息有原料代号、细度、单位、F 数、原料规格(种类)、延伸率、颜色、张力与价格等参数。根据织物实际所用原料的种类与数量,输入原料比,方便后期工艺的计算与织物价格的估算。原料信息可根据实际情况进行修改。点击增加原料按钮可增加原料种类,在表格中选中需要删除的原料,点击右侧“删除”按钮即可删除。如为弹性纱线,则需根据工艺填入“延伸率”;如为非弹性纱线,则缺省。

图 7-1-6　原料编辑界面

（3）送经量编辑。在如图 7-1-7 所示的送经量编辑对话框中可以选择“恒速送经”和“多速送经”两种状态。在恒速送经中,可以设置每把梳栉每腊克的送经量,由此还能计算得到每个横列的平均送经量。根据织物的实际上机参数,设置织造的牵拉密度,方便送经量的估算与织物成品纵向缩率的计算。在多速送经中,根据需要添加或删减送经的段数。

（4）垫纱数码编辑。在如图 7-1-8 所示的垫纱数码编辑界面中,可以根据新建花型的花高以及工艺需要输入垫纱数码,还可以实现穿纱循环的设置和相同梳栉的复制。

（5）开口闭口转换。如图 7-1-9 所示,单击开口闭口转换,弹出两个子菜单,包括转为开口和转为闭口。

①转为开口:选中某把梳栉,将该把梳栉中的闭口线圈全部转换为开口线圈。
②转为闭口:选中某把梳栉,将该把梳栉中的开口线圈全部转换为闭口线圈。

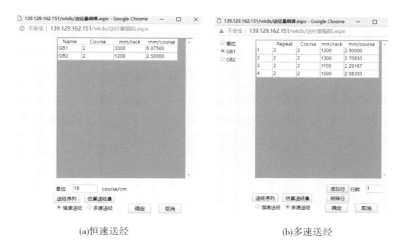

(a)恒速送经　　　　　　　　　　　　　　　(b)多速送经

图 7-1-7　送经量编辑界面

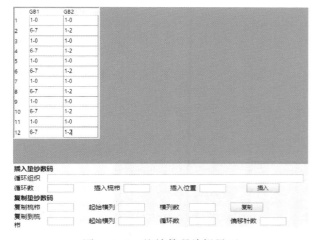

图 7-1-8　垫纱数码编辑界面

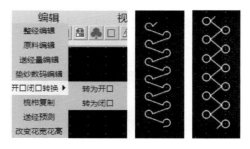

图 7-1-9　开口闭口转换

(6)梳栉复制。单击梳栉复制按钮,可以弹出如图 7-1-10 所示梳栉复制的对话框,包括完全复制和水平镜像两种复制方式。

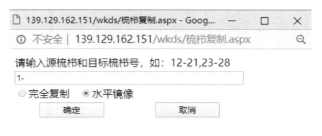

图 7-1-10　编辑菜单界面

①完全复制:源梳栉与目标梳栉的垫纱数码完全相同,如:源梳栉 1-0/1-2//,目标梳栉 1-0/1-2//。

②水平镜像:源梳栉与目标梳栉的垫纱数码呈水平镜像关系,如:源梳栉 1-0/1-2//,目标梳栉 1-2/1-0//。

(7)送经预测。在如图 7-1-11 所示的送经预测界面中,输入需要预测组织的垫纱数码,并输入产品的横密和纵密,单击送经预测按钮,可以导出数据库中该类组织的所有梳栉信息,包括该把梳栉纱线的横密、纵密、送经量等参数信息,并以 *.txt 文本格式导出。

(8)改变花宽花高。在改变花宽花高界面中,通过输入起始点的横列或者纵行,以及需要增加或减少的横列或纵行的数量,即可对织物的花宽和花高进行调整。

3. 视图

视图包括的功能见图 7-1-12。

图 7-1-11   编辑菜单界面

图 7-1-12   视图菜单界面图

(1)垫纱设计图。垫纱设计图是根据织物的垫纱数码与穿纱情况设计出来的,用来表示织物的整体设计效果,如图 7-1-13 所示。

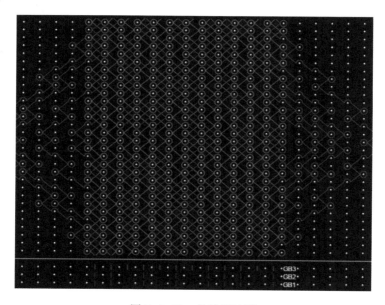

图 7-1-13   垫纱设计图

（2）贾卡设计图。贾卡设计图是根据贾卡组织中贾卡梳栉的垫纱数码与穿纱效果,绘制得到的贾卡意匠图。

（3）垫纱运动图。垫纱运动图(图 7-1-14)是在点纹纸或方格纸上根据导纱针的垫纱运动规律自下而上逐个横列画出的垫纱运动轨迹,它也是一种垫纱轨迹的图形记录方式。点纹纸上的每个小点和方格纸上的交点代表一枚针的针头,小点的上方代表针前,小点的下方表示针背。横向的一排点表示经编针织物的一个线圈横列,纵向的一列点表示经编针织物的一个线圈纵行。用垫纱运动图表示经编针织物组织比较直观方便,而且导纱针的运动与实际情况完全一致。

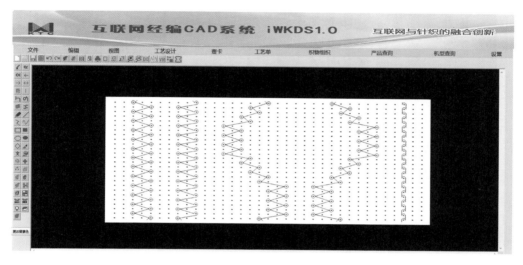

图 7-1-14　垫纱运动图

（4）垫纱效应图。垫纱效应图(图 7-1-15)是在点纹纸上根据垫纱数码和穿纱情况绘制的用来表示织物整体的设计效果。

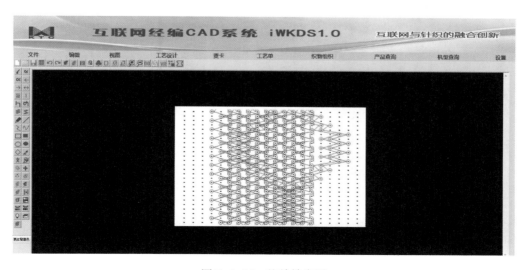

图 7-1-15　垫纱效应图

（5）织物仿真图。通过对纱线结构、颜色、毛羽的设计与模拟，实现针织物真实感仿真。如图 7-1-16 所示，仿真得到的面料效果真实，可以有效提高生产效率，缩短生产周期，节约开发成本。

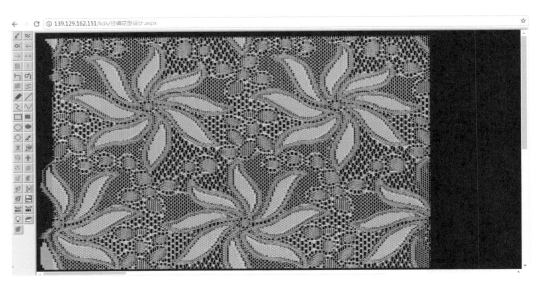

图 7-1-16　织物仿真图

（6）查看样品图。通过点击此选项可以查看样品的实物图。

（7）虚拟展示。查看织物的三维虚拟展示效果，如图 7-1-17 所示，将设计好的面料以不同款式服装的形式展现出来。

图 7-1-17　织物 VR 虚拟展示效果图

4. 工艺设计

点击菜单栏中的工艺设计,跳转到工艺设计页面,输入产品参数,如图 7-1-18 所示。

图 7-1-18　工艺设计界面

（1）工艺参数。系统根据不同的机型需要输入的工艺参数不同,COP 5 M-EL 机型需要的工艺参数如图 7-1-18 所示,机型、机号、机宽、机速等参数由所选机型自动生成,产品编号、企业编号、产品名称、设计号、组织好等参数根据新建时输入的信息生成,花宽、花高根据所设计的花型自动识别。用户输入原料、穿纱、送经量、成品横密、成品纵密、机上横密、机上纵密等上机参数,单击横向缩率、纵向缩率文本框,系统将自动计算出该织物的横纵向缩率;单击克重文本框,系统将自动计算出克重;单击产量文本框,系统将自动计算产量;若工艺单中只有机上横密与横向缩率,单击成品横密文本框,系统还可以自动计算得到成品横密。

在送经量预测模块中,输入横密波动与纵密波动的范围,系统将自动根据数据库中已有的对应垫纱数码的相关数据,筛选在所设置的横密、纵密范围内的产品,进行送经量的预测,并得到该类产品的数量。

（2）穿纱/送纱:穿经文本框中只要按照要求输入穿经即可,其中, ∗ 号表示空穿,A、B、C 等均表示纱线的代号。本例中的穿经 GB1 为满穿,GB2 为 8 空 2 穿,GB3 为 3 空 2 穿 5 空,GB4 和 GB5 均为 1 穿 1 空。但各梳栉所用的原料不同,因此在设计穿纱时所用的原料代号也各不相同。设置送经参数时,默认为恒速送经,每把梳栉的送经量根据组织与编织需求来设置。若织物为多速送经,则每 n 个横列之间以逗号(,)间隔,每把梳栉之间以分号(;)间隔。送经量也可以使用"估算送经量"自动进行估算,但在上机时要根据实际稍作调整。

5. 贾卡

在贾卡菜单中,各功能见表 7-1-1。

表 7-1-1　贾卡菜单功能介绍

选项	功能	选项	功能
基本组织	在"基本组织"对话框中选择贾卡基本组织	贾卡切换	双贾卡中切换为"第一贾卡"或"第二贾卡"
贾卡组织覆盖	选择贾卡组织库中的贾卡组织对区域进行填充	颜色保护	保护某一区域的颜色使其不被改变
组织入库	将设计完成的贾卡新花心存入数据库	颜色隐藏	隐藏某一区域的颜色
贾卡移动	移动选中的贾卡组织	改变尺寸	改变贾卡织物的花宽、花高
贾卡包边	对贾卡织物的边部进行处理	绘制选择	选择需要绘制、修改的区域
贾卡单线	将多种贾卡组织的意匠图转换为黑白轮廓视图	自动连边	对双针床贾卡织物进行自动连边

6. 工艺单

工艺单根据工艺设计自动生成,方便企业打印、做纸质存档。工艺单界面如图 7-1-19 所示。

7. 织物组织

除了建立用来保存产品生产参数的数据库外,还建立了如图 7-1-20 所示的专门用于存储组织的数据库。在该界面上,可以对组织数据库里的组织进行添加、删除与编辑。当设计组织相同的不同产品时,无须重复输入复杂烦琐的垫纱数码,只需输入组织号,只要在经编工艺设计的"组织号"文本框中输入对应的组织号,系统会自动调取组织数据库里的组织,大大节省了设计者的时间,方便快捷。

8. 产品查询

点击产品查询跳转至产品查询页面,如图 7-1-21。系统利用 SQL 技术建立产品数据库,存储大量的经编针织产品数据。用户可以将设计完成的产品导入产品数据库,防止产品数据意外丢失,也可以随时随地查看数据库中现有产品。还可以输入不同的查询条件进行模糊查询,得到相关产品信息。

江南大学经编工艺单

产品编号	175376	产品名称	鞋材面料	客　户	卡尔迈耶
机　型	COP 5 M-EL	机　号	E20	机　宽	1861inch
梳栉数	5			机　速	1200rpm
花　高	24	花　宽	10	产　量	36.0m/hkg/d
成品横密	8wpc	成品纵密	20cpc	克　重	372g/㎡
机上横密	7.9wpc	机上纵密	16cpc	组织号	S-5000717
匹　重		门　幅	165cm	落布米长	70m
企业编号	KM20180080	设　计	韩晓雪	日　期	2019-01-18

原料:

A:167dtex/48F,涤纶黑丝,半消光,;
B:167dtex/72F,涤纶黑丝,半消光,;
C:167dtex/48F,涤纶白丝,半消光,;

穿经:

GB1:10A
GB2:8*, 2B
GB3:3*, 2B, 5*
GB4:1C*, 1*, 1C, 1*, 1C, 1*, 1C, 1*, 1C, 1*
GB5:1C, 1*, 1C, 1*, 1C, 1*, 1C, 1*, 1C, 1*

垫纱组织:

GB1:1-0/0-1/1-0/0-1/1-0/0-1/1-0/0-1/1-0/0-1/1-0/0-1/1-0/0-1/1-0/0-1/1-0/0-1/1
-0/0-1/1-0/0-1//
GB2:3-4/4-3/3-4/4-3/3-4/4-3/3-4/4-3/3-4/4-3/3-4/4-5/3-2/5-6/2-1/6-7/1-0/6-7/2
-1/5-6/3-2/4-5//
GB3:3-4/4-5/3-2/5-6/2-1/6-7/1-0/6-7/2-1/5-6/3-2/4-5/3-4/4-3/3-4/4-3/3-4/4-3/3
-4/4-3/3-4/4-3//
GB4:1-2/1-0/2-3/2-1/2-3/1-0/1-2/1-0/2-3/2-1/2-3/1-0/1-2/1-0/2-3/2-1/2-3/1-0/2
-3/2-1/2-3/1-0//
GB5:2-1/2-3/1-0/1-2/1-0/2-3/2-1/2-3/1-0/1-2/1-0/2-3/2-1/2-3/1-0/1-2/1-0/2-3/1
-0/1-2/2-1/0-2-3//

整经:

GB1:0×0A
GB2:0×0B
GB3:0×0C
GB4:0×0D
GB5:0×0E

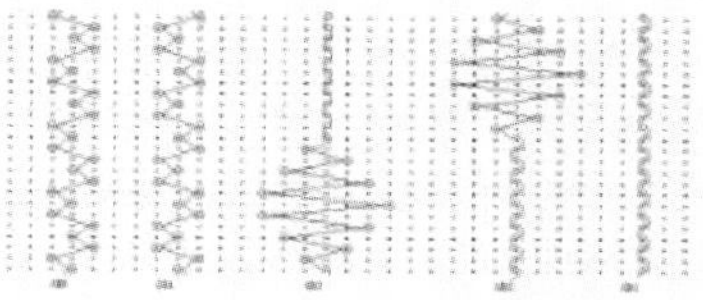

送经量:

GB1:24x1700mm/rack
GB2:24x1200mm/rack
GB3:24x1200mm/rack
GB4:24x2050mm/rack
GB5:24x2050mm/rack

图 7-1-19　工艺单

如图 7-1-22 所示,在"高级查询"界面中,可以根据产品名称、产品编号、组织、机型等多元参数进行产品的模糊/精确查询,使查询方法更加多样、精确化。

9. 机型查询

图 7-1-23 所示为机型查询界面,其数据保存在机型数据库中。在该界面上,可以对机型及其参数进行添加、删除与编辑。在"机号"一栏,可以设置同种机型的不同机号,并对机型对应的织物类型进行编辑。在设计织物选择机型时,系统会自动调用相关参数,用户可以根据实际需要选择机号。

查询条件：组织号 ▼ 输入查询内容 　查询　编辑　返回

总数量：361

组织号	梳栉数	花高	垫纱组织	选择	编辑	删除
3/36627	3	2	GB1:1-0/4-5//;GB2:2-3/1-0//;GB3:1-0/1-2//;	Select	Edit	删除
3/36627/588/83	3	2	GB1:1-0/4-5//;GB2:2-3/1-0//; GB3:1-0/1-2//;	Select	Edit	删除
3/36668	3	8	GB1:1-0/1-2/1-0/1-2/2-3/2-1/2-3/2-1//;GB2:2-3/2-1/2-3/2-1/1-0/1-2//;GB3:1-0/1-2/1-0/1-2/1-0/2-1/1-0/1-2//;	Select	Edit	删除
3/36779	3	2	GB1:1-0/3-4//;GB2:1-0/0-1//;GB3:2-3/1-0//;	Select	Edit	删除
3/36931	3	2	GB1:1-0/1-2//;GB2:0-0/2-2//;GB3:1-2/1-0//;	Select	Edit	删除
3/37 920	3	6	GB1:1-2/2-3/2-1/2-1/1-0//;GB2:2-1/1-2/1-0/1-2/1-2/2-3//;GB3:1-0/3-4/1-0/3-4/1-0/3-4//;	Select	Edit	删除
3/37 957	3	2	GB1:1-0/1-2//;GB2:1-0/1-2//;GB3:2-3/1-0//;	Select	Edit	删除
3/37 969	3	2	GB1:1-0/0-0//; GB2:0-1/1-0//;GB3:1-0/2-3//;	Select	Edit	删除
3/37840	3	2	GB1:1-2/1-0//;GB2:3-3/0-0//;GB3:1-0/2-3//;	Select	Edit	删除
3/37933	3	12	GB1:1-0/3-4/1-0/3-4/1-0/2-3/5-6/3-2/5-6/3-2/5-6/3-2/5-6/4-3//;GB2:3-3/2-5-6/3-2/5-6/3-2/1-0/3-4/1-0/3-4/1-0/3-4/5-6//;GB3:2-3/2-1/2-3/2-1/2-3/2-1//;	Select	Edit	删除

图 7-1-20　组织数据库

查询条件：产品类 ▼ 输入查询内容 　日期　至　　查询 导出excel 高级查询 返回

总数量：591

产品编号	企业编号	组织号	产品名称	织物类型	机型	机号	梳栉数	机速	花案	花高	客户	开发类型	设计	审核	日期	选择	编辑	删除
175376	KM20180080	S-5000717	轻材面料	经编平纹织物	COP 5 M-EL	20	5	1200	10	24	卡尔迈耶	生产	韩晓雷		2019-01-18	Select	Edit	删除
175377	KM20180077	S-5000704	轻材面料	经编平纹织物	COP 5 M-EL	20	5	1200	10	26	卡尔迈耶	生产	王子傅		2019-01-18	Select	Edit	删除
175366	KM19960199	K2/02131	经编平纹织物	经编平纹织物	HKS2	28	2	2300	1	6	卡尔迈耶	生产	王子傅		2019-01-17	Select	Edit	删除
175369	KM19960200	K2/02667	经编平纹织物	经编平纹织物	HKS2	28	2	2300	1	2	卡尔迈耶	生产	王子傅		2019-01-17	Select	Edit	删除
175371	KM19960161	S-300400B	经编平纹织物	经编平纹织物	HKS 3-M	28	3	2200	2	4	卡尔迈耶	生产	王子傅		2019-01-17	Select	Edit	删除
175372	KM19970238	K3/03463	经编弹力织物	经编平纹织物	HKS 3-1	28	3	2070	1	2	卡尔迈耶	生产	王子傅		2019-01-17	Select	Edit	删除
175355	KM19990343	S-2000705	经编弹力织物	经编平纹织物	HKS 2-3	44	2	2600	1	2	卡尔迈耶	生产	王子傅		2019-01-17	Select	Edit	删除
175347	KM20020194	S-2005131	经编弹力织物	经编平纹织物	HKS 2-3 E	32	2	3300	16	2	卡尔迈耶	生产	王子傅		2019-01-17	Select	Edit	删除
175346	KM20030152	S-2000705	经编弹力织物	经编平纹织物	HKS 2-3 E	32	2	3500	1	2	卡尔迈耶	生产	王子傅		2019-01-17	Select	Edit	删除
175345	KM19960003	2/2111D	经编平纹织物	经编平纹织物	KS 2	28	2	1000	1	8	卡尔迈耶	生产	王子傅		2019-01-17	Select	Edit	删除
175349	KM19980279	S-2000665	经编平纹织物	经编平纹织物	HKS2	28	2	2100	1	6	卡尔迈耶	生产	王子傅		2019-01-17	Select	Edit	删除
175353	KM20020324	S-2000705	经编弹力织物	经编平纹织物	HKS 2-3 E	32	2	3500	1	4	卡尔迈耶	生产	王子傅		2019-01-17	Select	Edit	删除
175351	KM20020596	S-2002596	经编平纹织物	经编平纹织物	HKS 2-3	28	2	3000	1	4	卡尔迈耶	生产	王子傅		2019-01-17	Select	Edit	删除
175350	KM20040182	S-2003259	经编平纹织物	经编平纹织物	HKS 2-3	28	2	2850	2	6	卡尔迈耶	生产	王子傅		2019-01-17	Select	Edit	删除
175344	KM20180030	S-3007955	歪动服装面料	经编平纹织物	HKS 3-M	32	3	2750	4	8	卡尔迈耶	生产	王子傅		2019-01-17	Select	Edit	删除
175348	KM20000020	S-2003481	经编平纹织物	经编平纹织物	HKS 2-3 E	32	2	3300	1	2	卡尔迈耶	生产	王子傅		2019-01-17	Select	Edit	删除
175354	KM20040110	S-2000992	经编平纹织物	经编平纹织物	HKS2	28	2	2500	1	2	卡尔迈耶	生产	王子傅		2019-01-17	Select	Edit	删除
175357	KM20030171	S-2000696	经编平纹织物	经编平纹织物	HKS 2-3	28	2	3000	1	6	卡尔迈耶	生产	王子傅		2019-01-17	Select	Edit	删除
175358	KM19970092	K2/02311	经编平纹织物	经编平纹织物	HKS2	28	2	2300	1	2	卡尔迈耶	生产	王子傅		2019-01-17	Select	Edit	删除
175359	KM19880568	K2/02146	经编平纹织物	经编平纹织物	HKS 2-1	40	2	2150	1	2	卡尔迈耶	生产	王子傅		2019-01-17	Select	Edit	删除
175360	KM19990085	K2/02139	经编弹力织物	经编平纹织物	HKS 2-3	32	2	3300	1	4	卡尔迈耶	生产	王子傅		2019-01-17	Select	Edit	删除
175361	KM19990378	S-2000705	经编弹力织物	经编平纹织物	HKS 2-3	44	2	2400	1	2	卡尔迈耶	生产	王子傅		2019-01-17	Select	Edit	删除
175364	KM19910352	K2/02001	经编弹力织物	经编平纹织物	HKS 2-3	32	2	2850	1	2	卡尔迈耶	生产	王子傅		2019-01-17	Select	Edit	删除
175363	KM20020323	S-2000705	经编弹力织物	经编平纹织物	HKS 2-3 E	32	2	3500	1	2	卡尔迈耶	生产	王子傅		2019-01-17	Select	Edit	删除
175362	KM19920105	K2/02001	经编弹力织物	经编平纹织物	HKS 2-3	32	2	2850	1	2	卡尔迈耶	生产	王子傅		2019-01-17	Select	Edit	删除

图 7-1-21　产品查询界面

产品名称： 产品编号： 企业编号：

织物类型： 组　织： 机　型：

机　号： 原　料： 日　期： 至

检索　清空　返回

总数量：

图 7-1-22　高级查询界面

机型	机号	梳栉数	机速	机宽	织物类型	用户	编辑	删除
COP 5 M-EL	20	5	1200	186	经编平纹织物	江南大学	Edit	删除
HKS 2-1	40	2	2200	130	经编平纹织物	江南大学	Edit	删除
HKS 2-3	28,32,44,50	2	2850	170	经编平纹织物	江南大学	Edit	删除
HKS 2-3 E	32,36,40,44,50	2	3200	130	经编平纹织物	江南大学	Edit	删除
HKS 2-M	28	2	3000	218	经编平纹织物	江南大学	Edit	删除
HKS 2-SE	40,36	2	4100	130	经编平纹织物	江南大学	Edit	删除
HKS 3-1	28	3	1700	130	经编平纹织物	江南大学	Edit	删除
HKS 3-M	24,28,32	3	2850	130	经编平纹织物	江南大学	Edit	删除
HKS 4 FB	24	4	1400		经编平纹织物	江南大学	Edit	删除
HKS2	24,28,32	2	2850	130	经编平纹织物	江南大学	Edit	删除
HKS2-3	28	2	2850	170	经编平纹织物	江南大学	Edit	删除

查询条件：机型　▼　输入查询内容　机型总表　查询　机型编辑　导出excel　返回

总数量：52

图 7-1-23　机型查询界面

10. 设置

设置菜单主要用于用户的权限注销。

二、标准工具栏

标准工具栏的详细图标介绍见表 7-1-2，图 7-1-24 为标准工具栏界面图。

表 7-1-2　标准工具栏图标功能汇总

图标	功能	图标	功能	图标	功能
	新建花型		垫纱设计		缩小
	打开已存在的花型文件		工艺单		梳栉复制
	保存花型文件		导入 BMP 图		织物仿真
	九宫格		选择		虚拟展示
	后退一步		区域拷贝		2 倍循环
	前进一步		贾卡复制		张力变形
	贾卡设计		放大		

图 7-1-24　标准工具栏界面图

三、移动终端界面

互联网经编 CAD 除了能够在电脑终端进行产品的设计、查询等功能,还能够在手机、平板等移动终端进行产品查询,查看产品的生产工艺单、垫纱运动图、垫纱效应图、织物仿真、虚拟展示与实物图,真正做到了方便快捷、随时随地查看产品信息。

1. 产品查询

登录互联网经编 CAD 后,出现产品查询界面。如图 7-1-25 所示,输入产品编号或产品名称,点击查询,即能搜索所需产品。

2. 经编工艺单

选择产品,进入产品工艺单界面。如图 7-1-26 所示,为移动终端经编工艺单。

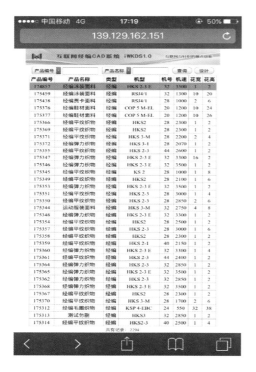

图 7-1-25　产品查询界面

图 7-1-26　移动终端经编工艺单

3. 垫纱运动图

选择界面下端"垫纱运动图"的功能按钮,出现如图 7-1-27 所示的选中产品的垫纱运动图。

4. 垫纱效应图

选择界面下端"垫纱运动图"的功能按钮,出现如图 7-1-28 所示的选中产品的垫纱效应图。

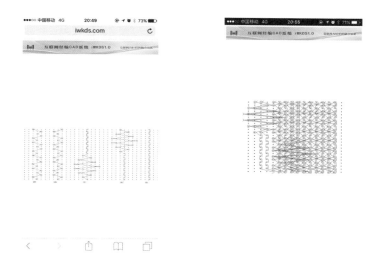

图 7-1-27　移动终端垫纱运动图　　图 7-1-28　移动终端垫纱效应图

5. 织物仿真图

选择界面下端"织物仿真图"的功能按钮,出现如图 7-1-29 所示的选中产品的织物仿真图。与 PC 端相同,织物仿真图同样可以左右移动,360°全方位查看产品的仿真效果,方便快捷。图 7-1-29(a)为织物反面的仿真,(b)为织物正面的仿真。

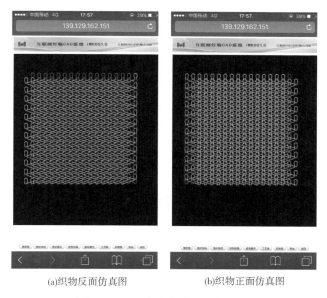

(a)织物反面仿真图　　　　　　(b)织物正面仿真图

图 7-1-29　移动终端织物仿真图

6. 虚拟展示

点击"虚拟展示",出现如图 7-1-30 所示的虚拟展示模型。除了图中默认的旗袍模型,还可根据电脑端选择的不同模型进行更改。用户可对虚拟展示模型进行左右旋转,从正面、侧面、背面来进行查看。使用移动终端进行虚拟展示,非常方便,可随时随地进行演示。

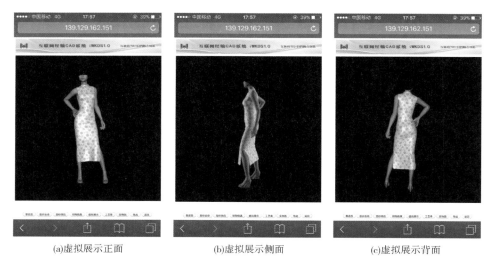

(a)虚拟展示正面　　　　　(b)虚拟展示侧面　　　　　(c)虚拟展示背面

图 7-1-30　移动终端虚拟展示

7. 实物图

用户可将产品实物图通过电脑终端上传至云端。点击移动终端的"实物图"按钮,如图 7-1-31 所示,即可在移动端查看实物图,方便直观地展示产品的实际生产效果。

8. 导出

通过移动终端,可导出上机文件至指定机台,实现远程花型信息的传输,省去了优盘递送,确保花型数据的安全。如图 7-1-32 所示,有本地和远程两种方式生成上机文件。当选择"远程"时,输入机器编号,即可把上机文件传送至对应机器,可立即进行织造。

图 7-1-31　移动终端实物图

图 7-1-32　移动终端上机文件导出

第二节　经编产品设计实例

为了让经编针织物设计人员更好地了解经编 CAD 系统的各项功能,本书提供了针对各类织物的设计实例。希望通过对这些实例的学习,能够轻松操作 CAD 软件,快速有效地完成产品设计。

一、普通少梳织物的设计

1. 设计步骤

本节以少梳经编织物的设计为例来介绍少梳织物的设计步骤。

(1)新建工艺。点击文件→新建菜单或工具栏上的按钮 □ ,在弹出的"工艺参数"对话框中将各项基本参数设置好。如图 7-2-1 所示。

产品编号为系统自动编号,在机型下拉菜单中选择机型,梳栉数和织物类型可以自动识别,也可以根据需要进行修改;输入花宽、花高等参数,成品纵密和横密默认值为图中所示,可根据实际情况进行修改。点击确定进入垫纱设计界面,这里选择机型为 HKS 2-3 E,花宽为 1、花高为 2 的少梳经编织物,进入默认垫纱设计界面,如图 7-2-2 所示。

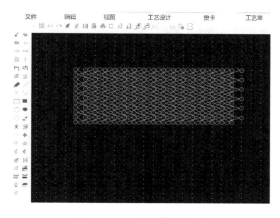

图 7-2-1　新建工艺参数界面　　　　　　　图 7-2-2　垫纱设计界面

(2)设计垫纱组织。进入设计窗口,此时界面上显示的是系统默认的垫纱组织,可根据需要对每把梳栉进行设计。

具体设计方法为:选择菜单栏中的"织物组织",查询数据库中是否有所需组织。若数据库中没有,则进行新建添加;若数据库中已有该组织,则在工艺设计的组织号文本框中,输入对应组织号,再双击"组织",显示垫纱数码,完成垫纱数码设计。在进行组织入库时,需要注意,输入时均采用英文字符。如图 7-2-3 所示,(a)为组织入库界面;(b)为工艺单中调取该组织的界面;(c)为对的垫纱设计图。

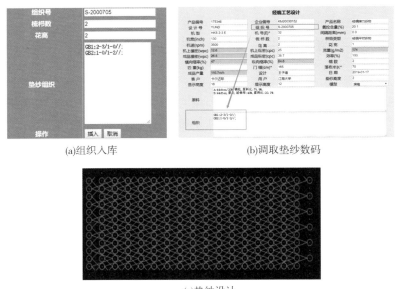

(a)组织入库   (b)调取垫纱数码

(c)垫纱设计

图 7-2-3 设计垫纱组织

（3）设置原料参数。点击编辑→原料编辑，调出原料设置对话框，如图 7-2-4 所示。

原料代号	细度	单位	F数	原料规格	延伸率（%）	原料比（%）	颜色	张力	价格（元/公斤）	
A	44	dtex	20	锦纶		79.9				
B	44	dtex		氨纶	40	20.1				删除

添加   计算原料比   确定   取消

图 7-2-4 原料参数设计界面

进入原料编辑的方法有两种：第一种通过菜单→编辑→原料编辑；第二种通过工艺设计→原料编辑。

具体设置方法是：输入原料代号，一般为默认值如 A，B。输入纱线的细度数值，根据原料的种类选择合适的单位。输入 F 数，若为单丝，则缺省。在原料规格中输入成分以及其他规格数据。若为弹性丝，在延伸率文本框中输入延伸率。输入织物实际的原料比。单击颜色按钮，在弹出的调色盘中选择颜色。

（4）设置工艺参数。绘图完成后点击工艺设计，跳转至如图 7-2-5 所示的工艺设计页面，在此输入产品相关参数。穿经文本框中只要按照要求输入穿经即可。

（5）查看仿真图和虚拟展示图。在参数输入完整后，点击视图→织物仿真图，或点击标准工具栏仿真按钮，系统会显示如图 7-2-6 所示的织物仿真图。

还可查看虚拟展示图，通过视图→虚拟展示，或通过标准工具栏 VR 按钮跳转到如图 7-2-7 所示的虚拟展示界面。

图 7-2-5 工艺参数设计界面

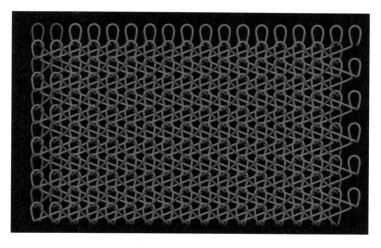

图 7-2-6 织物仿真图

（6）生成工艺单并导入数据库。设计完成后生成工艺单,检验产品工艺是否完整,完整即可导入数据库,需要时可打印工艺单。

可通过菜单→工艺单查看如图 7-2-8 所示的工艺单;通过文件→打印工艺单即可打印工艺单。

图 7-2-7　虚拟展示界面

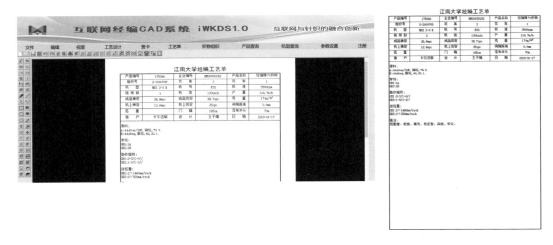

图 7-2-8　生成工艺单

（7）导入数据库。通过文件→数据库→保存到数据库，就可以将工艺数据保存到数据库，如图 7-2-9 所示，数据库位于远程云端，数据存储调用方便安全。

产品编号	企业编号	组织号	产品名称	织物类型	机型	机号	梳栉数	机速	花宽	花高	客户	开发类型	设计	审核	日期	选择	编辑	删除
175376	KM20180080	S-5000717	鞋材面料	经编平纹织物	COP 5 M-EL	20	5	1200	10	24	卡尔迈耶	生产	韩晓雪		2019-01-18	Select	Edit	删除
175377	KM20180077	S-5000704	鞋材面料	经编平纹织物	COP 5 M-EL	20	5	1200	10	26	卡尔迈耶	生产	韩晓雪		2019-01-18	Select	Edit	删除
175366	KM19960199	K2/02131	经编平纹织物	经编平纹织物	HKS2	28	2	2300	1	2	卡尔迈耶	生产	王子缅		2019-01-17	Select	Edit	删除
175369	KM19960200	K2/02667	经编平纹织物	经编平纹织物	HKS2	28	2	2300	1	2	卡尔迈耶	生产	王子缅		2019-01-17	Select	Edit	删除

图 7-2-9　导入数据库

（8）导出上机文件。产品设计完成后，若需要上机织造，可以直接菜单→文件→导出上机文件，会弹出上机文件对话框，如图 7-2-10 所示，在对话框中选择本地或远程，并输入机台号，就可以将上机文件下载到本地或者远程，下载到远程，对应机台可以直接读取到上机文件。

图 7-2-10　导出上机文件

至此，一个完整的少梳织物工艺就完成了。

注意：在设计少梳织物的时候，可以在下面的选色区中选择一种原料的颜色，然后在穿经视图双击，则此根纱线就会被新的纱线所代替。

2. 设计实例展示

（1）经编鞋材面料：这块经编鞋材面料由卡尔迈耶公司设计，由 COP 5 M-EL 生产。该产品的工艺单如图 7-2-11 所示。从工艺单中可以看到机号为 E20，使用 5 把梳栉，成品的横密、纵密分别为 8wpc 和 20cpc。根据原料的规格、成品横密、纵密推算得到该面料的克重为 372g/m²，根据机速等参数计算得到产品产量为 36m/h。这为企业的生产与销售提供了一个良好的参考数据。

图 7-2-12 所示为该组织的垫纱设计图。反映了每把梳栉的纱线走向。当点击某把梳栉某根穿纱时，垫纱运动图显示为如图中所示的白色纱线，可以清晰地观察该把梳栉的运动路径。

江南大学经编工艺单

产品编号	175376	企业编号	KM20180080	产品名称	经编鞋材面料
组织号	S-5000717	花 高	24	花 宽	10
机 型	COP 5 M-EL	机 号	E20	机 速	1200rpm
梳栉数	5	机 宽	186inch	产 量	36.0m/h
成品横密	8wpc	成品纵密	20cpc	克 重	372g/m²
机上横密	7.9wpc	机上纵密	16cpc	间隔距离	0.0mm
匹 重		门 幅	165cm	落布米长	70m
客 户	卡尔迈耶	设 计	韩晓雪	日 期	2019-01-18

原料：
A:167dtex/48F, 涤纶黑丝, 半消光,
B:167dtex/72F, 涤纶黑丝, 半消光,
C:167dtex/48F, 涤纶白丝, 半消光,
穿经：
GB1:10A
GB2:8*, 2B
GB3:3*, 2B, 5*
GB4:1C, 1*, 1C, 1*, 1C, 1*, 1C, 1*
GB5:1C, 1*, 1C, 1*, 1C, 1*, 1C, 1*
垫纱组织：
GB1:1-0/0-1/1-0/0-1/1-0/0-1/1-0/0-1/1-0/0-1/1-0/0-1/1-0/0-1/1-0/0-1/1-0/0-1/1-0/0-1/1-0/0-1/1-0/
0-1/1-0/0-1/1-0/0-1/1-0/0-1//
GB2:3-4/4-3/3-4/4-3/3-4/4-3/3-4/4-3/3-4/4-3/3-4/4-5/2-5/6-2/1/
6-7/1-0/6-7/2-1/5-6/3-2/4-3//
GB3:3-4/4-5/2-5/6-2/1-6/7-1/6-7/2-1/5-6/3-2/4-5/3-4/4-3/3-4/
4-5/2-5/6-2/1-6/7-1/6-7/2-1/5-6/3-2//
GB4:1-2/1-0/2-3/2-1/3-2/1-0/2-1/3-2/1-0/2-3/2-1/3-2/1-0/2-3/
2-1/3-2/1-0/2-3/2-1/3-2/1-0//
GB5:2-1/2-3/1-0/1-2/0-1/0-3/2-1/3-2/1-0/1-2/0-1/2-1/0-1/2-0/
2-3/2-1/2-3/1-0/1-2/1-0/2-3//
GB1:24x1700mm/rack
GB2:24x1200mm/rack
GB3:24x1200mm/rack
GB4:24x2050mm/rack
GB5:24x2050mm/rack
备注：
《经编实践》2018年NO.4, P45
注：GB2, GB3的送纱量未知，根据需要

图 7-2-11　经编鞋材工艺单

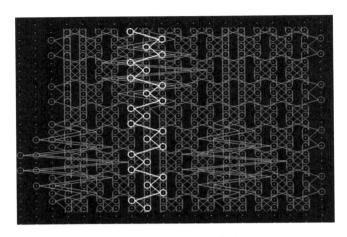

图 7-2-12　垫纱设计图

图 7-2-13 所示为该鞋材面料的三维仿真图。图(a)为至少有一个花型循环的局部三维仿真,图(b)为该面料的三维仿真细节图。从局部的三维仿真图可以大致判断花型的实际效果、分布位置等信息;三维仿真的细节图则实现了纱线实际形态的模拟。

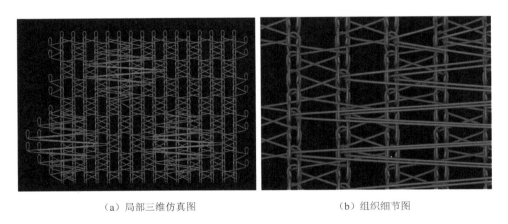

（a）局部三维仿真图　　　　　　　　（b）组织细节图

图 7-2-13　三维仿真图

(2)经编弹性织物:该经编弹性织物由 HKS 2-3 E,机号为 E32 的设备编织而成。因其原料含有 40dtex 的氨纶,该面料具有一定的弹性。该面料的花高为 2,花宽为 1,代表该组织的穿纱为满穿。GB1 和 GB2 分别使用了原料 A 的锦纶和原料 B 的氨纶。原料的规格见图 7-2-14 工艺单中的"原料"部分。一般来说,在少梳织物中,氨纶所在梳栉的送经量要比其他梳栉稍低。在该面料中,锦纶的送经量为 1350mm/rack,而氨纶的送经量只有430mm/rack。

图 7-2-15 所示为该组织的垫纱设计图,与产品工艺单右下角的垫纱运动图相对应。

图 7-2-16 展示了该弹性面料的三维仿真图,(a)为正面,(b)为反面。用户可根据需要对三维仿真图的任意角度、任意面进行查看,全方位查看所设计产品的编织实际效果。

江南大学经编工艺单

产品编号	175365	产品名称	经编弹力织物	客　户	卡尔迈耶
机　型	HKS 2-3 E	机　号	E32	机　宽	130inch
梳栉数	2			机　速	3500rpm
花　高	2	花　宽	1	产　量	44.1m/hkg/d
成品横密	23.8wpc	成品纵密	47.6cpc	克　重	168g/m²
机上横密	12.6wpc	机上纵密	27.8cpc	组织号	S-2000705
匹　重		门　幅	165cm	落布米长	70m
企业编号	KM20020323	设　计	王子媚	日　期	2019-01-17

原料：
A:44dtex/34F,锦纶,82.6;
B:40dtex,氨纶,40,17.4;

穿经：
GB1:1A
GB2:1B

垫纱组织：
GB1:2-3/1-0//
GB2:1-0/1-2//

整经：
GB1:0×0A
GB2:0×0B

送经量：
GB1:2×1350mm/rack
GB2:2×430mm/rack

备注：
后整理：松弛，水洗，染色，干燥，拉幅定型。

图 7-2-14　产品工艺单

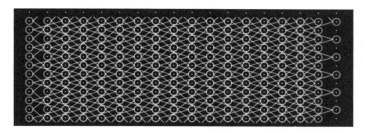

图 7-2-15　垫纱设计图

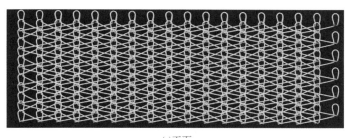

(a)正面

图 7-2-16

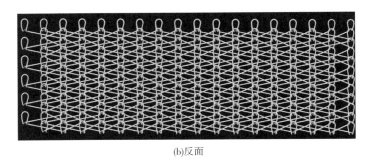

(b)反面

图 7-2-16　三维仿真图

二、普通贾卡织物的设计

1. 设计步骤

本节以 RSJ 型普通贾卡织物的设计为例来介绍普通贾卡织物的设计步骤。

（1）新建工艺。点击文件→新建菜单或者是按钮 ⬜，在弹出的"新建"对话框中将各项基本参数设置好。机型选择为 RSJ4/1，系统自动识别梳栉数和织物类型，如图 7-2-17 所示。

产品编号为系统自动编号，输入花宽、花高等参数，成品纵密和横密默认值为图 7-2-18 所示，可根据实际情况进行修改，点击确定进入贾卡设计界面，如图 7-2-19 所示。

图 7-2-17　新建工艺参数

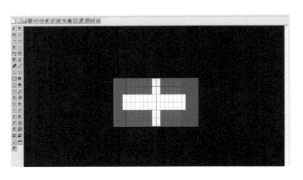

图 7-2-18　默认设计界面

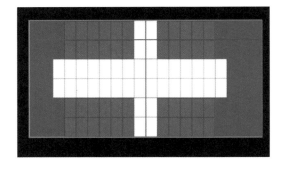

图 7-2-19　贾卡设计界面

（2）贾卡图案设计。进入贾卡设计窗口，此时界面上显示的是系统默认的颜色。此时可以通过贾卡绘制进行花型设计。

具体设计方法为：点击左侧贾卡绘制工具栏中的绘制工具，在下方颜色栏进行颜色选取，再对画布进行操作，如图 7-2-20 所示。

也可通过贾卡组织覆盖进行花型绘制，通过贾卡→贾卡组织覆盖或者点击左侧贾卡组织覆盖按钮进入到贾卡组织覆盖对话框，如图 7-2-21 所示。

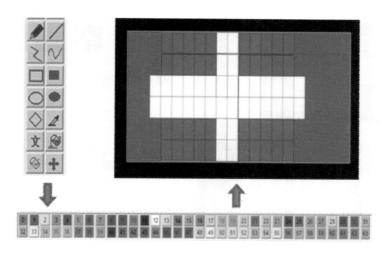

图 7-2-20　贾卡具体设计流程

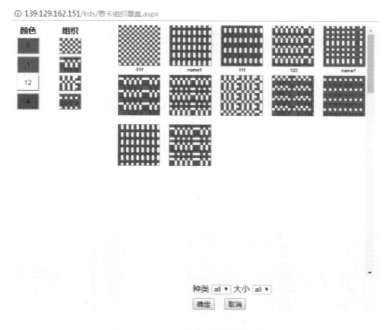

图 7-2-21　贾卡组织覆盖界面

　　对话框中右侧为组织库,组织库中的组织可以自定义添加,左侧颜色显示为意匠图中的颜色,组织为每种颜色对应的组织,选择后点击确定,跳转到贾卡设计界面完成组织填充。如图 7-2-22 所示。

　　(3)贾卡基本组织定义。绘图完成后进行贾卡基本组织定义,通过贾卡→贾卡组织或点击左侧贾卡工具栏中贾卡基本组织按钮，跳转到如图 7-2-23 所示的贾卡基本组织对话框。

171

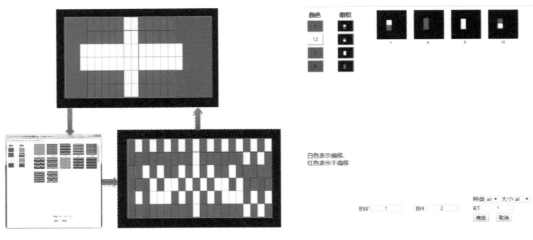

图 7-2-22 贾卡组织覆盖流程图　　　　图 7-2-23 贾卡基本组织界面

　　贾卡基本组织对话框右侧为贾卡基本组织,为每种颜色选择一种贾卡基本组织后点击确定。

　　(4)工艺设计。完成贾卡图案绘制后,点击菜单→工艺设计,完成工艺参数、垫纱组织、穿纱及送经量等参数的输入。随后进行原料编辑,打印工艺单及导入数据库,步骤与少梳经编织物相同。

　　(5)导入 BMP 图。贾卡图案设计除了进行花型绘制外,还可以通过导入 BMP 图进行花型设计,界面如图 7-2-24 所示。首先新建一个文件,步骤与上述相同,需要注意的是花高花宽的大小根据导入的 BMP 中的花型确定,然后再通过文件→导入 BMP 图或点击标准工具栏中的导入 BMP 图按钮 ,进行导图。

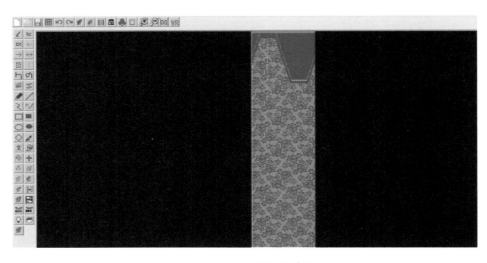

图 7-2-24 导入 BMP 设计界面

2. 设计实例展示

如图 7-2-25 所示,新建一个新的贾卡经编织物产品,产品编号 175456 由系统自动生成。该产品由 RSJ5/1 编织,花宽 142 纵行,花高 552 横列。

点击"原料编辑"按钮,跳转至如图 7-2-26 所示的原料编辑界面,输入原料代号、规格、品种等信息。如图 7-2-27 所示,在工艺单中输入产品名称、机号、机宽、机速等相关参数,并从组织库中调取组织号为 S-9000008 的组织。"组织"一栏中自动显示该贾卡组织的垫纱数码。在穿经设计中,对贾卡梳与地梳的穿经进行设计。

图 7-2-28 所示为上述工艺单生成的贾卡意匠图。

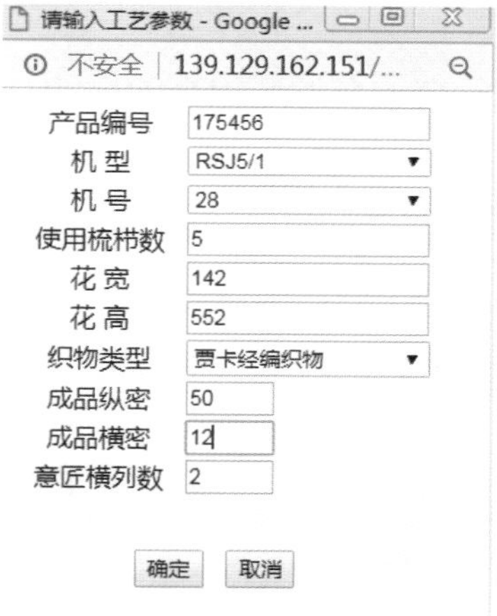

图 7-2-25　新建贾卡经编织物

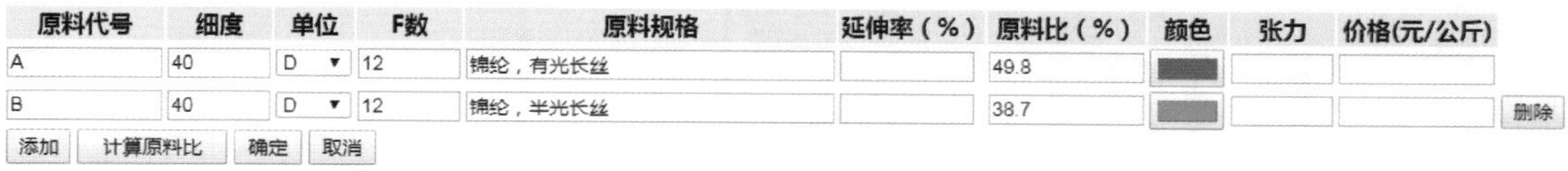

图 7-2-26　原料编辑界面

图 7-2-27　贾卡经编织物工艺单

三、普通双针床织物的设计

1. 设计步骤

本节以普通双针床织物的设计为例来介绍双针床织物的设计步骤。

(1)新建工艺。点击文件→新建菜单或者是按钮 ▯,在弹出的"工艺参数"对话框中将各项基本参数设置好。如图 7-2-29 所示。

图 7-2-28　贾卡意匠图　　　　　　　　图 7-2-29　新建工艺

产品编号为系统自动编号,选择机型,梳栉数和织物类型可以自动识别;输入花宽、花高等参数;成品纵密和横密默认为图 7-2-29 中所示,可根据实际情况进行修改。点击确定进入垫纱设计界面,选择机型为 RD 4N,进入垫纱设计界面,如图 7-2-30 所示。双针床普通织物的设计方法与少梳织物设计方法类似,但要注意垫纱数码的书写规则,例如 1-0-1-2//,前两个数字表示前针床针前垫纱,后两个数字表示后针床针前垫纱。

(2)设计垫纱组织。进入垫纱设计界面,此时界面上显示的是系统默认的垫纱组织,如图 7-2-30(a)所示。

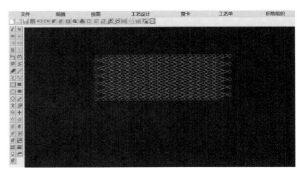

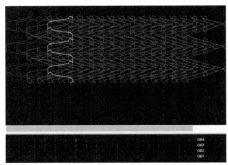

(a)RD 4N机型默认设计界面　　　　　　　(b)选择纱线进行独立设计

图 7-2-30　垫纱设计界面

具体设计方法为:点击选取纱线,在穿经视图区点击某一梳栉的某一根纱线,该根纱线就以白色显示,如图 7-2-30(b)所示。在对此纱线设计时,需要用到界面左侧垫纱工具栏中的部分按钮。当此把梳栉是成圈梳栉时,需要用到 ▤ 按钮, ◠ 和 ◡ 用于设置开口线圈和闭口线圈, ⌐◡ 用于绘制闭口和开口重经组织;当此把梳栉是衬纬梳栉时,用 ⊟ | 按钮对衬纬梳栉进行设计。按照这个步骤设计好每把梳栉的垫纱组织。当对一把梳栉的某一纱线进行改变后,该把梳栉的所有纱线会自动进行相应的改变。

若垫纱数码已知,可通过菜单→织物组织对组织进行入库,再通过工艺设计→组织号直接调用数据库中的垫纱数码。需要注意,输入时均采用英文字符输入,穿纱也可在工艺设计→穿纱进行修改,输入时也采用英文字符输入。

(3)设置工艺参数。绘图完成后点击工艺设计,跳转至工艺设计页面,在此输入产品相关参数,最后保存,并导入数据库。

2. 设计实例展示

图 7-2-31 所示为 RD2N 机型生产的经编氨纶织物的产品工艺单。

江南大学经编工艺单

产品编号	174875	产品名称	经编氨纶织物	客　户	卡尔迈耶
机　型	RD2N	机　号	E32	机　宽	138inch
梳栉数	2			机　速	600rpm
花　高	2	花　宽	1	产　量	16.0m/hkg/d
成品横密	24.7wpc	成品纵密	22.5cpc	克　重	220g/m²
机上横密	12.6wpc	机上纵密	20cpc	组织号	D-2000009
匹　重		门　幅	165cm	落布米长	70m
企业编号	KM20030022	设　计	蒋高明	日　期	2018-12-02

原料:
A:44dtex/1F,氨纶,40,44;
B:40dtex/30F,锦纶6,长丝,深度消光,圆形,56;

穿经:

GB1:1A
GB2:1B

垫纱组织:

GB1:2-3-4-5/3-2-1-0//
GB2:3-2-1-0/1-2-3-4//

整经:

送经量:
GB1:2620mm/rack
GB2:2640mm/rack

备注:
《经编实践》,2004年,No.1,P54
后整理:松弛,水洗,定型,轧光,烘干,拉幅定型

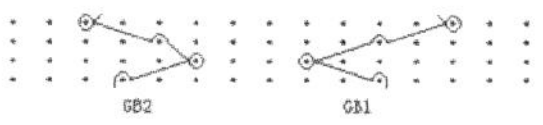

图 7-2-31　产品工艺单

图 7-2-32 所示为产品的垫纱设计图。在双针床组织中,垫纱设计图同时反映了前后针床的垫纱效应。奇数横列为前针床垫纱,偶数横列为后针床垫纱。

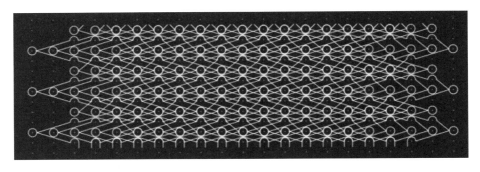

图 7-2-32　垫纱设计图

图 7-2-33 所示为该双针床织物的三维仿真图。左图和右图分别展示了其工艺正面和工艺反面。用户在反转查看织物的过程中,可方便清晰地观察到纱线的交错关系,较为直观。

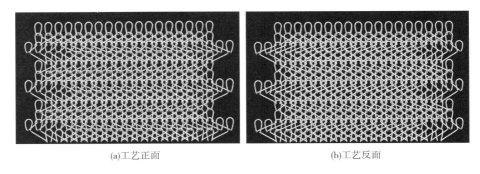

(a)工艺正面　　　　　　　　　　　(b)工艺反面

图 7-2-33　三维仿真图

四、双针床双贾卡织物的设计

本节以双针床双贾卡织物的设计为例来介绍双针床双贾卡织物的设计步骤。

(1)新建工艺。点击文件→新建菜单或者是按钮 ☐ ,在弹出的"工艺参数"对话框中将各项基本参数设置好。

产品编号为系统自动编号,选择机型,梳栉数和织物类型可以自动识别;输入花宽、花高等参数,成品纵密和横密默认值为图中所示,可根据实际情况进行修改,点击确定进入垫纱设计界面。这里选择机型为 RDPJ6/2,双针床双贾卡织物的设计包括两片贾卡的花型绘制,一般情况下第二片贾卡就是将第一片贾卡图案进行水平镜像,这里介绍第一片贾卡的操作步骤。

（2）设计贾卡花型。进入设计窗体,利用左侧的贾卡绘制工具和下方的颜色工具进行贾卡图案绘制,工具栏位置如图 7-2-34 所示。

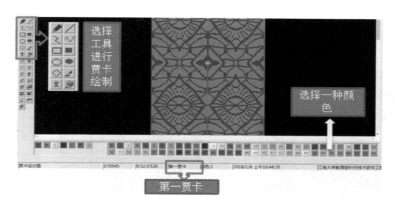

图 7-2-34　贾卡花型设计界面

贾卡组织覆盖,方法与普通贾卡织物相同,花型设计好后进行贾卡边部设计。

（3）贾卡连边设计。颜色板中的 1、2、4、6、7、8、12、15 号色在连裤袜设计系统中为默认的基本组织颜色,此时需要将其他色号的颜色替换为相应默认的基本组织颜色。系统默认基本组织颜色如图 7-2-35 所示。

颜色	颜色号	定义
1	1 号色	厚组织
2	2 号色	前后片缝合组织
4	4 号色	薄组织
6	6 号色	侧面接缝处薄组织的连接组织
7	7 号色	侧面接缝处蓝色薄组织的连接组织
8	8 号色	奇偶横列均偏移的蓝色薄组织
12	12 号色	网孔
15	15 号色	侧面接缝处厚组织的连接组织

图 7-2-35　贾卡部分颜色定义

需要将连裤袜的侧边和裆部换成除了 1、4、8、12 以外的颜色,来表示前后的连接关系。

图 7-2-36 所示为处理好的连边部分的连裤袜花型意匠图。

设计好第一片贾卡后,切换到第二贾卡进行第二片贾卡设计。通过贾卡→贾卡切换,即可切换视图。

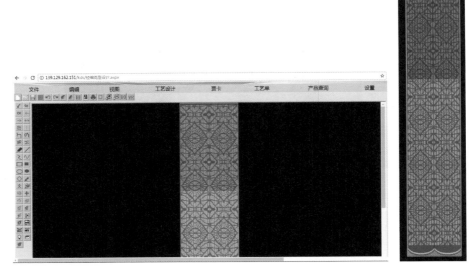

图 7-2-36　连裤袜花型意匠图

(4)设置工艺参数。绘图完成后点击工艺设计,跳转至工艺设计页面,在此输入产品相关参数,最后保存,并导入数据库。

参考文献

[1]林浩,杨继,陈婷.毛衫组织的设计及运用[J].毛纺科技,2012,40(02):20-24.

[2]Cherif C,Krzywinski S,Diestel O,et al. Development of a Process Chain for the Realization of Multilayer Weft Knitted Fabrics Showing Complex 2d/3d Geometries for Composite Applications[J]. Textile Research Journal,2012,82(12):1195-1210.

[3]李光伟.国产电脑横机电控系统中的关键问题研究[D].杭州电子科技大学,2014.

[4]王敏.四针床电脑横机的全成形工艺研究[D].江南大学,2017.

[5]Jonas Larsson,Malik Mujanovic,etc. Mass Customisation of Flat Knitted Fashion Products Simulation of the Co-design Process[J] Autex Research Journal. 2011, 11(1):6.

[6]李林.嵌入式电脑横机控制系统研究[D].杭州电子科技大学,2011.

[7]胡洋.全成型电脑横机花型准备系统的研究与开发[D].东华大学,2015.

[8]高梓越,丛洪莲,蒋高明.基于互联网的针织CAD系统设计与开发[J].纺织导报,2016,(07):46-47,50-52.

[9]田旭.基于云计算的交互式织物在线设计及营销平台[D].天津工业大学,2015.

[10]朱文.基于HTML5Canvas技术的在线图像处理方法的研究[D].华南理工大学,2013.

[11]鉴珊珊.基于3D服装设计系统的纱线与织物结构的仿真视效研究[D].天津工业大学,2015.

[12]Anon. Virtual Solution for Fashion Design-Knitting Machine Manufacturer Shima Seiki Brings an Innovative Design System to the Fashion Design Market[J].Textile World,2011,161(5):20-27.

[13]石艳红,李登高.针织CAD软件的应用与研究[J].毛纺科技,2012,10(3):23-25.

[14]吴兴良.国内电脑横机的发展现状及思考[J].针织工业,2013,(04):22-24.

[15]刘传强,黄勇庭.毛衫革命[J].中国服饰,2016,(04):82-83.

[16]莫易敏,肖琼.电脑横机花型准备系统的设计初探[J].现代制造工程,2006,(03):117-119.

[17]罗冰洋.基于分层体系的自动化横机关键技术的研究[D].武汉理工大学,2009.

[18]罗冰洋,莫易敏,郭艳.电脑横机花型准备系统的设计[J].纺织学报,2007,(07):116-120.

[19]郑敏博.针织毛衫工艺参数转换研究[D].西安工程大学,2012.

[20]洪岩.横编毛衫工艺设计系统的开发[D].江南大学,2014.

[21]卢致文.横编针织物CAD系统研究与实现[D].江南大学,2016.

[22]柳迪.电脑横机运动控制技术的研究与实现[D].华中科技大学,2013.

[23]刘录勇.全成型电脑横机机械系统关键零部件设计与优化[D].东华大学,2015.

[24]宋广礼.成形针织产品设计与生产[M].北京:中国纺织出版社,2006.

[25]朱文俊.电脑编织机原理与应用[M].北京:化学工业出版社,2006.

［26］罗鹏顺.高性能全自动电脑横机成圈机构的研究［D］.浙江理工大学,2016.

［27］杨海明.全自动电脑横机控制系统开发［D］.浙江大学,2004.

［28］胡跃勇.针织横机控制系统的关键技术研究［D］.东南大学,2015.

［29］龙海如.针织学［M］.2 版.北京:中国纺织出版社,2014.

［30］蒋高明.针织学［M］.北京:中国纺织出版社,2012.

［31］付洪平.经济型电脑横机的挡圈技术及工作原理［J］.针织工业,2014,(1):19-21.

［32］孟家光.羊毛衫设计与生产工艺［M］.北京:中国纺织出版社,2006.

［33］丁钟复.羊毛衫生产工艺［M］.北京:中国纺织出版社,2007.

［34］丛洪莲,张永超,张爱军,蒋高明.纬编均匀提花针织物仿真结构模型的建立［J］.纺织学报,2016,37(08):143-148.

［35］蔡雨祺.针织成形局部编织工艺的研究与设计创新［D］.北京服装学院,2015.

［36］郭玉清,宋广礼,祝细.电脑横机上筒状成形织物收放针及开口编织［J］.针织工业,2013,(02):16-19.

［37］蒋高明,彭佳佳.针织成形技术研究进展［J］.针织工业,2015,(05):1-5.

［38］黄林初,宋广礼.电脑横机平收针编织工艺探讨［J］.针织工业,2012,(10):25-27.

［39］蔡雨祺.针织成形局部编织工艺的研究与设计创新［D］.北京服装学院,2014.

［40］赵荣鑫.基于 HTML5 技术的品牌营销页面的交互设计研究［D］.北京交通大学,2016.

［41］余飞.基于 HTML5 的图形图像协同处理技术研究与实现［D］.长江大学,2015.

［42］张奇伟.基于 HTML5 的移动应用的研究与开发［D］.北京邮电大学,2013.

［43］曹莉莎.基于 HTML5 的电网图形软件研究与开发［D］.华北电力大学,2014.

［44］李昕煜.基于 JavaScript 的 WebGIS 前端开发及优化［D］.吉林大学,2015.

［45］范欣.浅谈网页制作中 CSS 技术［J］.科技风,2012,(07):238.

［46］林乐逸.基于 ASP.NET MVC 和实体框架的软件项目管理平台［D］.上海交通大学,2012.

［47］孙风庆,于峰.SQL Server 2008 数据库原理及应用［M］.北京:北京邮电大学出版社,2012.

［48］杭莉.基于 RIA 的实验预约管理系统与构建［D］.南京邮电大学,2016.

［49］王林彬,黎建辉,沈志宏.基于 NoSQL 的 RDF 数据存储与查询技术综述［J］.计算机应用研究,2015,32(05):1281-1286.

［50］赵宏伟,秦昌明.基于 B/S 3 层体系结构的软件设计方法研究［J］.实验室研究与探索,2011,30(07):64-66.

［51］Hu Z,Ding YY,Zhang W,et al.An Interactive Co-evolutionary Cad System for Garment Pattern Design［J］.Computer-aided Design, 2008, 40(12):1094-1104.

［52］宋广礼.电脑横机实用手册［M］.2 版.北京:中国纺织出版社,2013.

［53］Cherry, Denny. VMware High Availability in SQL Server［J］.SQL Server Pro,2013,158.

［54］廖文和.网络时代的辅助设计技术:NAD［J］.CAD/CAM 与制造业信息化,2001(1):

6—8.

[55]闫怡,张瑞云,李汝勤,等.纺织 CAD 的网络设计发展趋势[J].纺织学报.2004,25(1):115—118.

[56]陈海英,徐巧.纬编针织 CAD 系统的发展现状[J].绍兴文理学院学报(自然科学),2015,(03):59—62.

[57]张峰,张瑞云,李汝勤.计算机新技术在纺织品设计与制造中的应用[J].纺织学报.2001,(02):66—68.

[58]张文涛,常红星.基于 ASP.NET 的 B/S 架构下的项目管理系统的网络安全模式设计[J].计算机科学,2008,35(2):101—103.

[59]靳恒清.浅析 B/S 系统构架[J].甘肃农业,2010,(11):65.

[60]王松,马崇启.织物 CAD 在线设计系统[J].纺织学报,2014,35(03):132—135.

[61]范国闯,钟华,黄涛,等.Web 应用服务器研究综述[J].软件学报,2003,14(10):1728—1739.

[62]汤阳,田欣.基于 B/S 结构的信息数据库设计与实现[J].现代情报,2006,(08):73—74.

[63]宠娅娟,房大伟,吕双,等.ASP.NET 从入门到精通[M].北京:清华大学出版社,2008:127—313.

[64]蒋高明.针织学[M].北京:中国纺织出版社,2012:9—12.

[65]闫旭.浅谈 SQL Server 数据库的特点和基本功能[J].价值工程,2012,(22):229—231.

[66]林子雨,赖永炫.云数据库研究[J].软件学报,2012,23(05):1148—1166.

[67]蒋高明,顾璐英.国内外经编技术最新进展[J].针织工业,2010,(01):1—3,74.

[68]佚名.经编 CAD 系统 WKCAD3.0[J].纺织服装周刊,2009(3):45.

[69]张爱军,钟君,丛洪莲.经编 CAD 技术的研究进展与应用现状[J].纺织导报,2016,(07):57—60.

[70]靳恒清.浅析 B/S 系统构架[J].甘肃农业,2010,11:65.

[71]仰燕兰,金晓雪,叶桦.ASP.NET AJAX 框架研究及其在 Web 开发中的应用[J].计算机应用与软件,2011,(06):195—198.

[72]冀潇,李杨.JavaScript 与 Java 在 Web 开发中的应用与区别[J].通信技术,2013,(06):145—147,151.

[73]谷伟.基于 HTML5 Canvas 的客户端图表技术研究[J].信息技术,2013,(09):107—110.

[74]刘华星,杨庚.HTML5——下一代 Web 开发标准研究[J].计算机技术与发展,2011,(08):54—58,62.

[75]曹寿珍,朱祥德.CAD 在经编针织物设计中的应用[J].华东纺织工学院学报,1984,(04):21—28.

[76]宠娅娟,房大伟,吕双,等. ASP.NET 从入门到精[M].北京:清华大学出版社,2008:127-313.

[77]Jos Dirksen[美]著.杨芬,赵汝达,译.Three.js 开发指南[M].北京:机械工业出版社,2017.